职业教育电子技术系列

电工电子技术应用

瞿彩萍　主编
易　明　陈雄武　副主编

电子工业出版社
Publishing House of Electronics Industry
北京·BEIJING

内 容 简 介

本书介绍了电工与电子技术的理论和应用知识。全书共六章,内容包括电工技术和电子技术两大部分。电工技术部分主要内容有电路基础、正弦交流电路、三相交流电路、磁路与变压器;电子技术部分主要内容有模拟电子电路、数字电子电路。本书的重点是基本概念、基本理论、基本分析方法和使用技巧等,结合不同的专业特点,做了一个较为详细的论述。

本书的特点是图文并茂、通俗易懂,可作为各类职业院校电工与电子技术课程的教材,还可作为工程技术人员的自学读本。

未经许可,不得以任何方式复制或抄袭本书之部分或全部内容。
版权所有,侵权必究。

图书在版编目(CIP)数据

电工电子技术应用 / 瞿彩萍主编. —北京:电子工业出版社,2022.3
ISBN 978-7-121-42889-0

Ⅰ. ①电… Ⅱ. ①瞿… Ⅲ. ①电工技术—高等学校—教材②电子技术—高等学校—教材 Ⅳ. ①TM②TN

中国版本图书馆 CIP 数据核字(2022)第 022064 号

责任编辑:朱怀永　　　　　特约编辑:田学清
印　　刷:三河市良远印务有限公司
装　　订:三河市良远印务有限公司
出版发行:电子工业出版社
　　　　　北京市海淀区万寿路 173 信箱　　邮编:100036
开　　本:787×1092　1/16　　印张:10.25　　字数:224.4 千字
版　　次:2022 年 3 月第 1 版
印　　次:2022 年 3 月第 1 次印刷
定　　价:35.00 元

凡所购买电子工业出版社图书有缺损问题,请向购买书店调换。若书店售缺,请与本社发行部联系,联系及邮购电话:(010)88254888,88258888。
质量投诉请发邮件至 zlts@phei.com.cn,盗版侵权举报请发邮件至 dbqq@phei.com.cn。
本书咨询联系方式:(010)88254608,zhy@phei.com.cn。

前　言

　　高等职业教育是我国高等教育的重要组成部分，其根本任务是培养适应生产、建设、管理、服务第一线的，拥有德、智、体、美全面发展的高等技术应用型人才。近年来，随着新技术、新产品、新工艺、新材料的不断问世，新型电子产品已被人们广泛应用，特别是家用电器、计算机外围设备、数码产品、手机及通信设备等产品，已成为人们生活、娱乐和工作不可或缺的信息工具。为适应我国社会进步和经济发展的需要，高等职业教育的教学模式和教学方法需要不断改革，高职教材也必须与之相适应，不断进行调整与定位，创建自己的特色，将理论与能力培养有机结合。本书就是在这个背景的指导下组织编写的。

　　"电工电子技术应用"是电子信息类各专业必修的基础课程，随着科学技术的发展和电子技术在各个领域越来越广泛的应用，它也越来越成为非电类专业的重要课程。本书可以作为高职院校电子、通信、计算机、机电等专业的教科书，也可以作为自学考试和应用电工电子技术的工程人员的自学用书。

　　本书的编写过程特别注意了以下几点。

　　（1）保证基础、加强概念、易学易懂。本书从初学者的需求出发，从最基本的知识和最容易掌握的技术讲起，尽可能通俗、由浅入深地阐述，意在使读者越学越有信心。

　　（2）面向更新、联系实际、知识和技能相结合。对一些重要设备，本书先简要介绍其结构和功能，再讲安装、接线的运行维护方法，使读者在了解相关电工电子知识的基础上，牢牢地掌握基本操作技能。

　　（3）行文简洁、图文结合。本书内容完整、叙述简洁、逻辑合理，突出了知识主线，书中的要点和难点所在之处，一般都配有电路图或示意图，读者可边读文字边看图，这种图文结合的方法，有利于读者深刻理解书中的要点和难点。

　　（4）生产和安全相结合。本书在介绍各种设备的安装、接线、运行维护的同时，指出了错误做法对设备和人可能造成的危害，并列举了一些典型的事故，意在使读者在掌握操作技能的同时，树立安全意识，掌握安全技术。

由于作者水平有限，书中不妥之处请广大师生和读者批评指正，以便今后不断改进。

编 者

2021 年 7 月

目 录

第一章 电路基础 ... 1
第一节 电路概述 ... 1
第二节 电路中的基本物理量 ... 1
第三节 电路基本元件的伏安特性 ... 9
第四节 电阻连接 ... 13
第五节 电路工作状态 ... 19
第六节 电路分析方法 ... 22
本章小结 ... 30
习题 ... 30

第二章 正弦交流电路 ... 35
第一节 正弦交流电路概述 ... 35
第二节 正弦交流电路的物理量 ... 35
第三节 单一参数元件的单相交流电路 ... 41
第四节 电阻、电感、电容的串并联电路 ... 49
第五节 功率因数 ... 56
本章小结 ... 59
习题 ... 60

第三章 三相交流电路 ... 63
第一节 三相交流电路概述 ... 63
第二节 三相交流电源 ... 63
第三节 三相电源接入三相负载 ... 66
本章小结 ... 73
习题 ... 74

第四章 磁路与变压器 ... 76
第一节 磁路 ... 76

第二节　变压器的结构和工作原理 ………………………………………………… 80
本章小结 …………………………………………………………………………… 87
习题 ………………………………………………………………………………… 88

第五章　模拟电子电路 …………………………………………………………… 90

第一节　常用电子元器件 …………………………………………………………… 90
第二节　直流稳压电路 ……………………………………………………………… 99
第三节　半导体三极管基本放大电路 …………………………………………… 106
第四节　负反馈放大电路 ………………………………………………………… 113
第五节　基本运算电路及其应用 ………………………………………………… 118
本章小结 ………………………………………………………………………… 121
习题 ……………………………………………………………………………… 121

第六章　数字电子电路 ………………………………………………………… 125

第一节　数字电路概述 …………………………………………………………… 125
第二节　门电路与逻辑代数基础 ………………………………………………… 127
第三节　触发器 …………………………………………………………………… 134
第四节　计数器 …………………………………………………………………… 140
第五节　编码译码及显示器 ……………………………………………………… 142
第六节　集成定时器及其应用 …………………………………………………… 148
本章小结 ………………………………………………………………………… 151
习题 ……………………………………………………………………………… 152

第一章 电路基础

第一节 电路概述

电路是电流流通的路径，由某些电气设备和元器件按一定的方式连接起来，以实现某种用途。

电路按电源的不同分为直流电路、单相交流电路和三相交流电路。直流电路是电路的基本形式，也是其他电路的基础。

电路由电源、负载和连接电源、负载之间的中间环节三部分组成。手电筒电路就是一个简单的直流电路，如图1-1所示，它由干电池、灯泡、开关和导线组成，其中，干电池作为电源提供电能，灯泡作为负载消耗电能（将电能转换成光能），开关和导线将相关电气设备或元器件连接起来。当开关合上后，电路中就有直流电流流过，干电池将化学能转换为电能输出，灯泡发光而消耗电能，将电能转化为光能；当开关断开后，电路被切断，电流不通，灯泡则不亮。

在画电路图时，往往不画出实际电路中各种元器件的大小、形状等，而是将实际电路中的各种元器件抽象为理想电路元件，用图形符号来代表各种电气设备和元器件，把它们的连接关系表达出来，这就是电路原理图。例如，电灯、电炉等可抽象为电阻元件，荧光灯、电扇等可抽象为电阻元件和电感元件的组合等。图1-2所示就是图1-1的电路原理图。

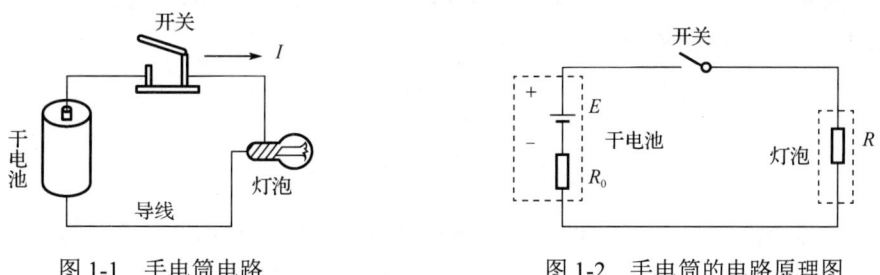

图1-1 手电筒电路　　　　　　图1-2 手电筒的电路原理图

第二节 电路中的基本物理量

电路中的基本物理量有电流、电压、电位、电动势、电能和电功率等。

一、电流及其参考方向

导体中的电流如图 1-3 所示,电荷的有规则运动称为电流。电流既有大小又有方向,电流的方向是正电荷运动的方向;电流的大小用电流强度(简称电流)来衡量,在数值上等于单位时间内通过导体横截面的电量。用 i 来表示电流,

即
$$i = \frac{dq}{dt} \tag{1-1}$$

式中:dq 为时间 dt 内通过导体横截面 S 的电量。q 的单位是库仑(C),t 的单位是秒(s),电流的单位是安培(A)。

电流的单位也常用毫安(mA)或微安(μA)来表示,$1A = 10^3 mA = 10^6 μA$。

电流 i 若随时间而变化则称为交流电流,若不随时间而变化,即 $\frac{dq}{dt}$ 是一个常数,则称为直流电流。直流电流用大写字母 I 表示。

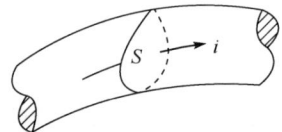

图 1-3 导体中的电流

在分析电路时,必须预先假设电路中电流的方向,预先假设的电流方向称为电流的参考方向。电流的参考方向沿着导线方向任意假设,用带箭头的实线表示,如图 1-4 所示,表示电流 I 的参考方向是从 a 流向 b。若计算出的电流值为正,则电流的实际方向与参考方向一致;若计算出的电流值为负,则电流的实际方向与参考方向相反。

在计算电流时,一定要预先假设电流的参考方向,离开电流的参考方向谈电流值和电流值的正负是没有意义的。

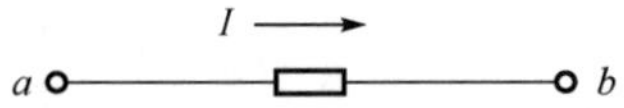

图 1-4 电流的参考方向

【例 1-1】如图 1-4 所示,直流电流通过导体,已知 2 秒内从 a 到 b 通过 0.4C 的电量。(1)如果通过导体的是正电荷,试求 I;(2)如果通过导体的是负电荷,试求 I。

解:(1) $I_{ab} = \frac{q}{t} = \frac{0.4}{2} = 0.2$ (A)

(2) $I_{ab} = \frac{q}{t} = \frac{-0.4}{2} = -0.2$ (A)

若通过的电荷为正电荷,则 I_{ab} 为 0.2A;若通过的电荷为负电荷,则 I_{ab} 为 -0.2A。

二、电压、电位、电动势及其参考方向

水会从水位高的地方流向水位低的地方，电流也会从电位高的地方流向电位低的地方。

1. 电压

电荷移动需要力，推动电荷移动的力称为电场力。电场力将单位正电荷沿电路中的某点 a 推到另一点 b 所做的功称为电压，做功越多，电压就越大。由此可见，电路中的电压反映了电场力推动电荷做功的能力，即电能。电压用数学式可表示为：

$$U_{ab} = \frac{W_{ab}}{q} \qquad (1\text{-}2)$$

式中：W_{ab} 的单位是焦耳（J），q 的单位是库仑（C），U_{ab} 的单位是伏特（V）。

电压的单位也常用千伏（kV）、毫伏（mV）和微伏（μV）表示，$1kV=10^3V$，$1V=10^3mV=10^6\mu V$。

U_{ab} 表示 a、b 两点间的电压，当电场力将 1C 的电荷从 a 点推到 b 点所做的功为 1J 时，U_{ab} 为 1V。

电压是衡量电场力做功能力的物理量，两点之间的电压值越大，电场力做功的能力就越大。

大小和极性都不随时间而变化的电压称为直流电压，用大写字母 U 表示；大小和极性都随时间而变化的电压称为交流电压，用小写字母 u 表示。

分析电路与分析电流一样，必须预先假设电路中电压的方向，预先假设的电压方向称为电压的参考方向，用"+""-"号、带箭头的实线或双下标表示，如图 1-5 所示，表示 a、b 间电压 U 的参考方向是 a 电位高于 b 电位。若计算出的电压值为正，则电压的实际方向与参考方向一致；若计算出的电压值为负，则电压的实际方向与参考方向相反。

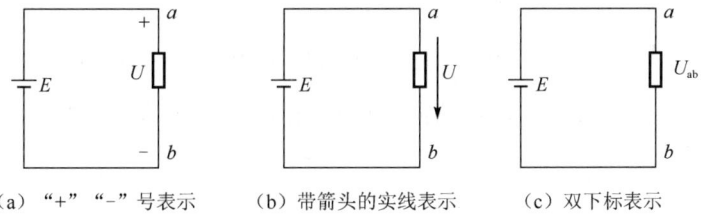

（a）"+""-"号表示　　　（b）带箭头的实线表示　　　（c）双下标表示

图 1-5　电压的参考方向

在计算电压时，一定要预先假设电压的参考方向，离开电压的参考方向谈电压值和电压值的正负是没有意义的。

【例 1-2】当 0.2C 的电荷从 a 点移到 b 点时，能量改变 10J，试按下面 4 种情况求

U_{ab}。(1) 若电荷为正且能量增加;(2) 若电荷为负且能量增加;(3) 若电荷为正且能量减小;(4) 若电荷为负且能量减小。

解:(1) $U_{ab} = \dfrac{W_{ab}}{q} = \dfrac{10}{0.2} = 50$ (V)

(2) $U_{ab} = \dfrac{W_{ab}}{q} = \dfrac{10}{-0.2} = -50$ (V)

(3) $U_{ab} = \dfrac{W_{ab}}{q} = \dfrac{-10}{0.2} = -50$ (V)

(4) $U_{ab} = \dfrac{W_{ab}}{q} = \dfrac{-10}{-0.2} = 50$ (V)

2. 电压、电流关联的参考方向

电压、电流的参考方向是任意假设的,彼此间可独立假设,但为方便起见,通常将假设的正极到负极的电压方向与假设的电流方向相同,即电流与电压降参考方向相同,称为关联参考方向,如图 1-6(a)所示;若电压与电流的参考方向相反,则称为非关联参考方向,如图 1-6(b)所示。

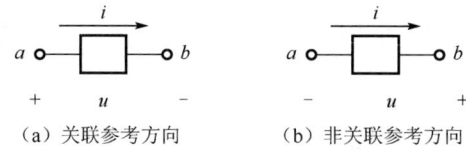

(a) 关联参考方向　　(b) 非关联参考方向

图 1-6　关联参考方向和非关联参考方向

若是关联参考方向,则在电路图上可只标出电流的参考方向或只标出电压的参考方向,如图 1-7 所示。

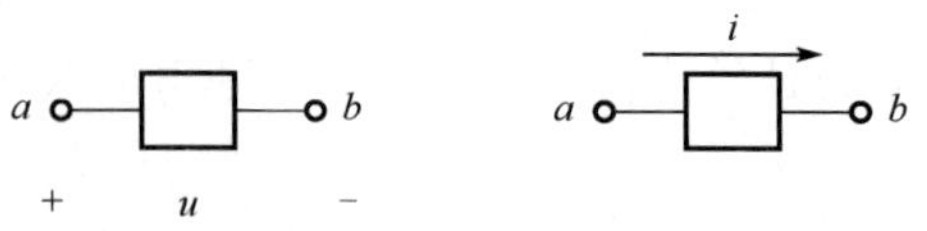

(a) 只标出电压的参考方向　(b) 只标出电流的参考方向

图 1-7　关联参考方向时可只标出电压或电流的参考方向

3. 电位

电路中某点与参考点(规定电位为 0 的点)之间的电压称为该点的电位,电位的单位与电压相同,用伏特(V)表示。

电路中两点间的电压也可用这两点间的电位差来表示,

即 $\qquad U_{ab} = U_a - U_b \qquad$ (1-3)

电路中两点间的电压是不变的，但电位随参考点（0 电位点）选择的不同而不同。

为分析复杂电路，通常都会选择电路中的某节点为参考点，其他节点相对参考点的电压称为电位，电路中两点间的电位差值称为电压。电压与电位的区别在于电压不随参考点的变化而变化，电位随参考点的变化而变化。

4．电动势

为了更好地理解电动势的含义，可以先从电的本质角度分析手电筒小灯泡发光的原理，手电筒原理图如图 1-8 所示。

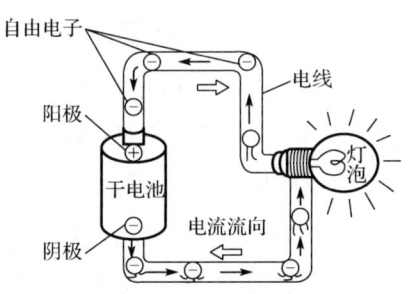

图 1-8　手电筒原理图

由于干电池正极（阳极）聚集正电荷，负极（阴极）聚集负电荷（电子），导线中带负电的自由电子被干电池阳极吸引，被干电池阴极排斥，因此形成了有规则的电子流动，即电流，从而使灯泡发光。正如水要有水位差才能流动一样，电流也是由于电位差（电压）的存在而形成的。

那么，随着导线中带负电的自由电子不断被干电池阳极吸引，自由电子与干电池阳极中的正电荷不断中和，同时干电池阴极上的负电荷不断减少，这会不会导致干电池两端电位差逐渐减小至零，而使电流停止流动呢？

若要维持水位差，则需要一台水泵，若要维持干电池两端的电位差则需要一台"电泵"。实际上干电池正是这样一台"电泵"，其内部的化学能可以不断地将正电荷从阴极移到阳极，来补充被自由电子中和的正电荷，并不断地在阴极聚集负电荷，从而维持了干电池两端的电位差，也就是维持了电流的流动，这种使干电池两端产生和维持电位差的能力，叫电动势。

电动势是衡量外力（非静电力）做功能力的物理量。外力克服电场力把单位正电荷经电源内部从电源的负极搬运到正极所做的功称为电动势，用 E 表示，即

$$E = \frac{W}{q}$$

在发电机中，外力由内燃机、水轮机或汽轮机提供，推动发电机转子切割磁力线产生电动势；在电池中，外力则由电极与电解液接触点的化学反应而产生。外力克服电场

力所做的功，使电荷得到能量，把非电能转化为电能。

电动势与电压如图 1-9 所示，E 表示电动势，U 表示电压，则

$$U = E \tag{1-4}$$

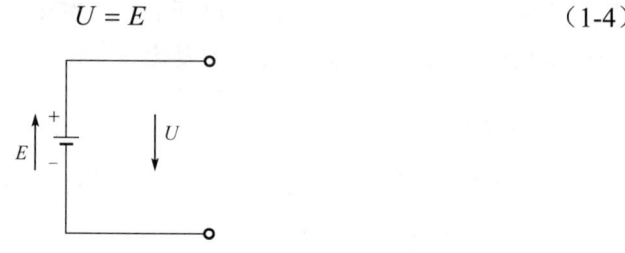

图 1-9　电动势与电压

电动势的实际方向与电压的实际方向相反，电动势的实际方向规定为负极指向正极，即外力推动正电荷运动的方向，也就是电位升高的方向，也可用箭头在电路图中标明。

电动势的单位与电压相同，用伏特（V）表示。

电动势描述的是：在电源内部（内电路），电源力克服电场力把正电荷从低电位的负极推到高电位的正极所做的功，是其他形式能量转换为电能的过程。

电压描述的是：在电源外部的负载电路中（外电路），电场力推动正电荷从高电位移到低电位，同时克服负载中的阻力所做的功，是电能转换为其他形式能量的过程。

【例 1-3】如图 1-10 所示电路，求 E。

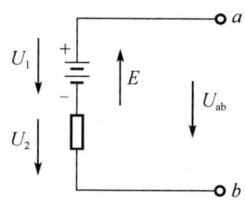

图 1-10　例 1-3 图

解：$U_{ab} = U_1 + U_2 = E + U_2$

$E = U_{ab} - U_2$

三、电能和电功率

在图 1-5 所示的直流电路中，a、b 两点间的电压为 U，在时间 t 内电荷 q 受电场力作用，从 a 点移动到 b 点，则电场力所做的功为：

$$W = Uq = UIt \tag{1-5}$$

若负载为电阻元件，则在时间 t 内所消耗的电能为：

$$W = UIt = I^2Rt = \frac{U^2}{R}t \tag{1-6}$$

单位时间内消耗的电能称为电功率（简称功率），

即
$$P = \frac{W}{t} \tag{1-7}$$

式中：能量的单位是焦耳，简称焦（J）；功率的单位是瓦特，简称瓦（W）。

人们常用功率这个物理量来表示单位时间内能量的变化率，工程上更关注的是功率与电流、电压之间的关系。若元件的电压和电流为关联参考方向，则根据电压与电流的定义式，可推出功率与电流、电压之间的关系为：

$$P = UI \tag{1-8}$$

若元件的电压和电流为非关联参考方向，

则
$$P = -UI \tag{1-9}$$

在电路中，有的元件消耗功率，有的元件产生功率，也有一些元件因为在电路中的作用不同，有时消耗功率，有时产生功率。$P>0$ 则表示元件起负载作用，消耗功率；$P<0$ 则表示元件起电源作用，产生功率。

【例 1-4】如图 1-11 所示电路，计算各元件消耗或产生的功率。

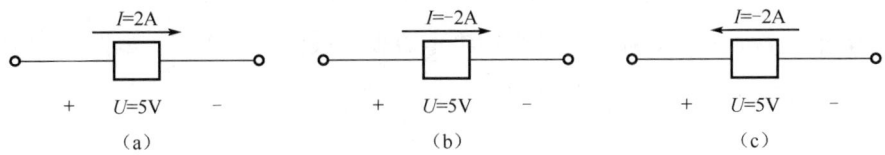

图 1-11　例 1-4 图

解：图 1-11（a）中电流 I 与电压 U 是关联参考方向，$P = UI = 5 \times 2 = 10$（W），$P>0$，所以图 1-11（a）中的元件起负载作用，消耗 10W 的功率。

图 1-11（b）中的电流 I 与电压 U 是关联参考方向，$P = UI = 5 \times (-2) = -10$（W），$P<0$，所以图 1-11（b）中的元件起电源作用，产生 10W 的功率。

图 1-11（c）中的电流 I 与电压 U 是非关联参考方向，$P = -UI = -5 \times (-2) = 10$（W），$P>0$，所以图 1-11（c）中的元件起负载作用，消耗 10W 的功率。

四、电压和电流的测量

1．电压的测量

测量电压用电压表。测量电压时必须将电压表与被测电路并联，如图 1-12 所示。电压表内阻要尽量大，以减少测量误差。电压表内阻通常在表盘上以 Ω / V 标明，如一只量程为 100 V 的电压表，内阻为 200 $k\Omega$，则电压表内阻可表示为 2000Ω / V。

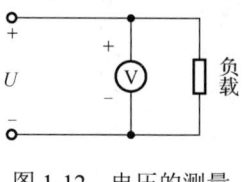

图 1-12　电压的测量

1）直流电压的测量

用直流电压表测量直流电压。

（1）直流电压表"+"端钮接被测电路高电位端，"-"端钮接被测电路低电位端。

（2）根据被测电压大小选择量程，尽量使指针偏转在标尺的 $\frac{2}{3}$ 以上处。若不能事先估计被测电压的大小，则量程由大至小切换至适当量程。

2）交流电压的测量

用交流电压表测量交流电压，交流电压表不分极性，但同样要注意量程的选择。

2．电流的测量

测量电流用电流表。测量电流时必须将电流表与被测电路串联，如图 1-13 所示。电流表内阻要尽可能小，以减少测量误差。

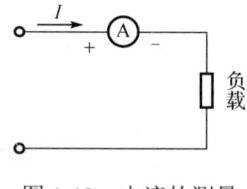

图 1-13　电流的测量

1）直流电流的测量

用直流电流表测量直流电流。

（1）直流电流表"+"端钮为电流的流入端，"-"端钮为电流的流出端。

（2）量程选择同电压表。

2）交流电流的测量

用交流电流表测量交流电流时，无须注意电流表极性，但也要注意量程的选择。

第三节 电路基本元件的伏安特性

单一元件上电压和电流之间的关系为电路元件的伏安特性。电路中常用的元件有电阻元件、电容元件、电感元件、电压源、电流源，前三种元件均不产生能量，称为无源元件，后两种元件是电路中提供能量的元件，称为有源元件。

一、电阻元件的伏安特性

1．电阻元件伏安特性测试

电阻元件伏安特性测试电路如图 1-14 所示，调节直流稳压电源，使输出为 2V，5V，9V，14V，19V，25V。分别测出电路中电流的大小，并计算出电压、电流的比值，记录在表 1-1 中。

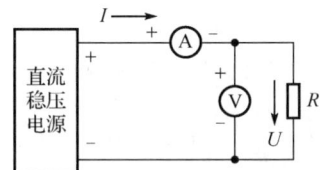

图 1-14　电阻元件伏安特性测试电路

表 1-1　电阻元件伏安特性测试记录表

U/mV	2	5	9	14	19	25
I/mA	2	5	9	14	19	25
$\dfrac{U}{I}$/Ω	1000	1000	1000	1000	1000	1000

2．电阻元件的伏安特性——欧姆定律

由表 1-1 可知，流过电阻的电流与电阻两端的电压成正比，这就是欧姆定律。

当电压和电流是关联参考极性时，直流电路中的线性电阻的欧姆定律为：

$$U = IR \qquad (1\text{-}10)$$

当电压和电流是非关联参考极性时，直流电路中的线性电阻的欧姆定律为：

$$U = -IR \qquad (1\text{-}11)$$

式（1-10）和式（1-11）中的 R 为该段电路的电阻。当所加电压 U 一定时，电阻 R 越大，电流 I 越小，显然，电阻具有对电流起阻碍作用的物理性质。电阻器、电位器、电灯、电炉等都是电阻元件，电阻元件是消耗电能的元件，纯电阻负载电路如图 1-15 所示。线性电阻在直流电路和交流电路中都遵循欧姆定律，而非线性电阻（如晶体二极管）不遵循欧姆定律，其两端电压与电流成非线性关系。

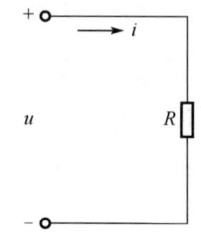

图 1-15　纯电阻负载电路

【例 1-5】如图 1-16 所示电路，已知 $R=3\ \Omega$，求电流 I。

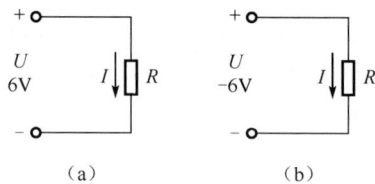

图 1-16　例 1-5 图

解：在图 1-16（a）中，$I=\dfrac{U}{R}=\dfrac{6}{3}=2$（A）

在图 1-16（b）中，$I=\dfrac{U}{R}=\dfrac{-6}{3}=-2$（A）

二、电容元件的伏安特性

电容元件是储存电场能量的元件。纯电容元件作为负载的纯电容负载电路如图 1-17 所示。

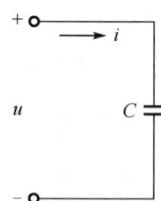

图 1-17　纯电容负载电路

可以证明，当电压、电流是关联参考方向时，纯电容元件的端电压与电流的关系式为：

$$i=C\dfrac{\mathrm{d}u}{\mathrm{d}t} \qquad (1-12)$$

式（1-12）说明流过电容元件的电流与加在电容元件两端的电压的变化率成正比。

当加在电容元件两端的电压增大时,电容充电,将电源的能量转化为电场能量储存起来;当加在电容元件两端的电压减小时,电容放电,将原来储存的电场能量释放出来。因此电容元件不消耗能量,而是储存和释放电场能量。

在直流电路中,电容元件两端的电压不变(变化率为零),流过电容元件的电流也为零。因此,电容元件在直流电路中相当于开路,经常说电容元件有"隔直通交"的作用,其中的"隔直"就是这个含义。

三、电感元件的伏安特性

电感元件是储存磁场能量的元件。纯电感元件作为负载的纯电感负载电路如图1-18所示。

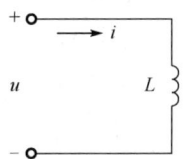

图1-18　纯电感负载电路

可以证明,当电压、电流是关联参考方向时,纯电感元件的端电压与电流的关系式为:

$$u = L\frac{\mathrm{d}i}{\mathrm{d}t} \tag{1-13}$$

式(1-13)说明电感元件两端的电压与流过电感元件的电流的变化率成正比。电感元件不消耗能量,而是储存和释放能量。

在直流电路中,流过电感元件的电流不变(变化率为零),电感元件两端的电压也为零。因此,电感元件在直流电路中相当于短路,经常说电感元件有"隔交通直"的作用,其中的"通直"就是这个含义。

四、电压源

通常使用的电池(干电池、蓄电池)和直流发电机都含有电动势 E 和内阻 R_0,实际电压源如图1-19所示。

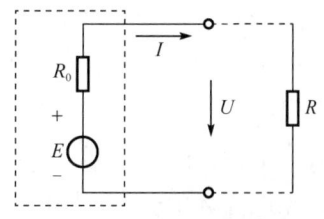

图1-19　实际电压源

电压源的内阻 R_0 很小(电池的内电路是电解液,含有的许多正负离子是良导体,所以电阻很小,直流发电机内部的铜导线电阻也很小),因此它们输出端的电压 U(又称端电压)随负载电流 I 变化时只有微小的变化。通常将内阻为零的电压源称为理想电压源(其端电压恒定不变,如图1-20所示),实际电压源则可以看成由一个理想电压源和其内阻串联组成的。电压源输出端的电压 U 随负载电流 I 的变化情况可以用图形来表示，称为伏安特性曲线（V-A 特性曲线），如图 1-21 所示。

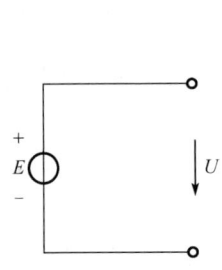

图 1-20　理想电压源

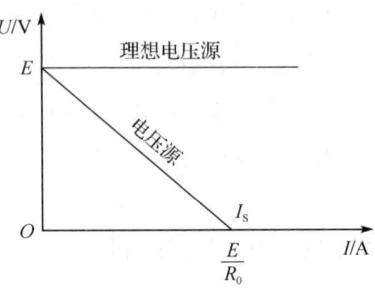

图 1-21　电压源及理想电压源的伏安特性

理想电压源的端电压不受流过的电流影响，而当实际电压源中流过的电流增大时，其内阻上的压降增大，会使其输出的端电压下降。所以实际电压源的伏安特性为：

$$U = E - IR_0 \tag{1-14}$$

通常使用的直流稳压电源可以认为是一个理想电压源，若一个电压源的内阻 R_0 远小于负载电阻 R_L，则这个电压源可近似看成一个理想电压源。

五、电流源

可以考虑用下面的例子说明内阻较大的电源输出电流比较稳定，高内阻电源如图 1-22 所示。

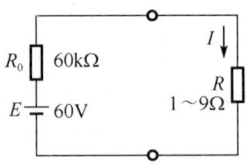

图 1-22　高内阻电源

将 60V 的蓄电池 E 串联一个 60kΩ 的高电阻 R_0 构成一个高内阻电源，当低电阻负载 R 在 1~9Ω 的范围内变化时，电源输出的电流 I 几乎不变（0.13%变化）。故该电源对于低电阻负载，基本上具有恒定的电流输出。

电流源的特性是不论负载电阻如何改变，它向外电路输出的电流是基本不变的。太阳光电池利用太阳光照射的光能产生电能，其原理就是利用电流源的特性，这类电池的内阻一般都很大（因为光电池内电路是半导体，导电性能较差），因此它输出的电流比较稳定。实际电流源如图 1-23 所示，当实际电流源的内阻达到无穷时，可称为理想电流源，如图 1-24 所示。

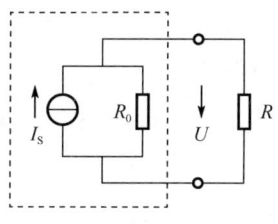
图 1-23 实际电流源

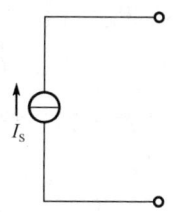
图 1-24 理想电流源

实际上，输出电流完全不随负载变化的理想电流源并不存在，如光电池和上述的高内阻电源，当负载电阻增大到可以与电源内阻相比拟时，输出电流就要减小，因此实际电流源有如图 1-25 所示的特性，即伏安特性。

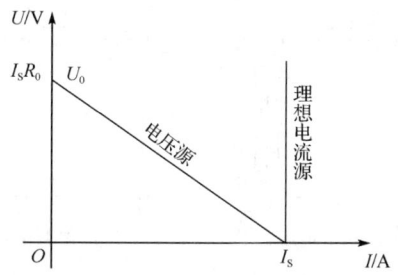

图 1-25 电流源及理想电流源的伏安特性

所以实际电流源的伏安特性为：

$$I = I_s - \frac{U}{R_0} \tag{1-15}$$

在电子线路中，内阻远比负载电阻大的晶体管等都近似于电流源。

第四节　电阻连接

电阻连接一般有两种基本形式：串联和并联。

一、电阻串联

两个或两个以上的电阻串联时，流过各个电阻的电流 I 相同，如图 1-26（a）所示，两个电阻 R_1、R_2 相串联，各个电阻两端的电压分别是：

$$U_1 = R_1 I，\quad U_2 = R_2 I \tag{1-16}$$

串联电路两端的电压等于各个串联电阻两端的电压之和：

$$U = U_1 + U_2 \tag{1-17}$$

由式（1-16）和式（1-17）可得：

$$U = R_1 I + R_2 I = (R_1 + R_2)I = RI$$

其中，R 为串联电路两端的等效电阻，等效电路如图 1-26（b）所示，可得：

$$R = R_1 + R_2 \tag{1-18}$$

两个串联电阻上的电压分别是：

$$U_1 = \frac{R_1}{R_1 + R_2} U = \frac{R_1}{R} U \tag{1-19}$$

$$U_2 = \frac{R_2}{R_1 + R_2} U = \frac{R_2}{R} U \tag{1-20}$$

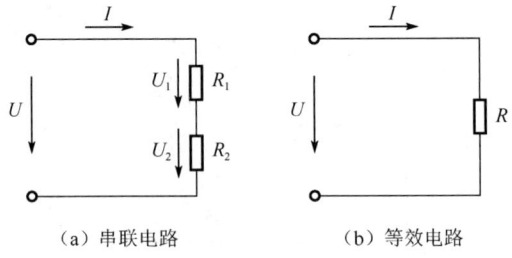

（a）串联电路　　　　（b）等效电路

图 1-26　电阻的串联

综上所述，可得出如下结论。

（1）当电阻串联时，串联电路两端的电阻等于各个电阻之和。

（2）串联电阻上电压的分配与电阻的大小成正比。串联的电阻越大，分配到的电压就越大；串联的电阻越小，分配到的电压就越小。

同理，图 1-27 所示是三个电阻 R_1、R_2、R_3 相串联的电路，则串联电路两端的等效电阻 R 是：

$$R = R_1 + R_2 + R_3$$

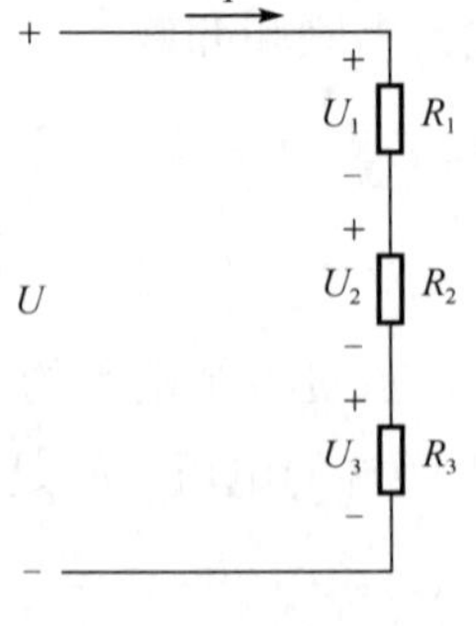

图 1-27　三个电阻串联

各个电阻两端的电压分别是：
$$U_1 = R_1 I, \quad U_2 = R_2 I, \quad U_3 = R_3 I$$

串联接法常用于对某个负载电流进行限制、调整和在功率很小的电路中用作分压器。

【例 1-6】图 1-28 所示是电阻串联分压器。把一只正常工作时电压为 24V、功率为 60W 的白炽灯泡（内阻为 R_1）接到 36V 的电源上，要使灯泡正常工作，须串联一个电阻 R_2。求 R_2 的阻值和消耗的功率。

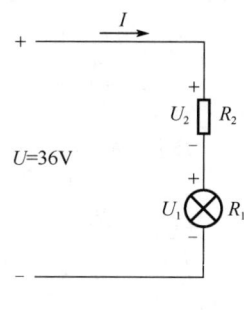

图 1-28　例 1-6 图

解：串联电阻 R_2 两端的电压：
$$U_2 = U - U_1 = 36 - 24 = 12 \text{（V）}$$

白炽灯泡正常工作时的电流：
$$I = \frac{P_1}{U_1} = \frac{60}{24} = 2.5 \text{（A）}$$

R_2 的阻值：
$$R_2 = \frac{U_2}{I} = \frac{12}{2.5} = 4.8 \text{（Ω）}$$

R_2 消耗的功率：
$$P_2 = U_2 I = 12 \times 2.5 = 30 \text{（W）}$$

白炽灯泡和 R_2 消耗的总功率：
$$P = UI = 36 \times 2.5 = 90 \text{（W）}$$

可见，串联连接使负载上的电压降到了所需的数值，方法简便，但在串联的电阻上消耗了能量，例 1-6 中 36V 电源提供的能量，有 $\frac{1}{3}$ 消耗在串联电阻上。

【例 1-7】图 1-29 所示是分压器电路。已知输入电压 U_1=6V，电阻 R_1、R_2 组成的分压电路使输出电压 U_2=4V，试选取 R_1 和 R_2 的阻值。

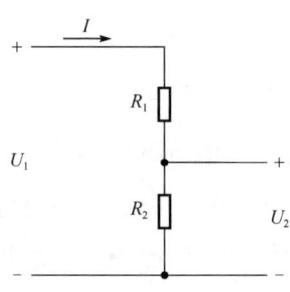

图 1-29 例 1-7 的电路

解：
$$I = \frac{U_1}{R_1 + R_2}$$

$$U_2 = R_2 I = R_2 \frac{U_1}{R_1 + R_2}$$

$$\frac{U_2}{U_1} = \frac{R_2}{R_1 + R_2}$$

将 U_1=6V，U_2=4V 代入得：

$$\frac{4}{6} = \frac{R_2}{R_1 + R_2}$$

化简得：
$$R_2 = 2R_1$$

选取结果很多，若选取 R_1=1kΩ，则 R_2=2kΩ。

一般负载较大时，R_1 和 R_2 应选择阻值小的电阻，否则会使分压值误差太大，影响分压效果。

二、电阻并联

若电路中有两个或两个以上电阻连接在两个公共节点之间，则这样的连接方法称为电阻的并联，各并联电阻两端的电压 U 相同，如图 1-30（a）所示。流过各电阻的电流分别为：

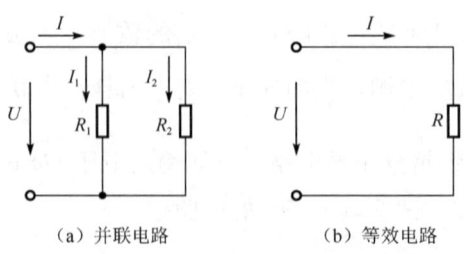

（a）并联电路　　　　　（b）等效电路

图 1-30 电阻的并联

$$I_1 = \frac{U}{R_1}, \quad I_2 = \frac{U}{R_2} \tag{1-21}$$

线路上的总电流等于各支路电流之和：

$$I = I_1 + I_2 \tag{1-22}$$

若两个电阻并联后的等效电阻为 R，

则

$$\frac{U}{R} = \frac{U}{R_1} + \frac{U}{R_2} = \left(\frac{1}{R_1} + \frac{1}{R_2}\right)U$$

所以：

$$\frac{1}{R} = \frac{1}{R_1} + \frac{1}{R_2} \tag{1-23}$$

$$R = \frac{R_1 R_2}{R_1 + R_2} \tag{1-24}$$

可见，并联电路中电流的分配与电阻的大小成反比。并联的电阻越小，分配到的电流越大；并联的电阻越大，分配到的电流越小。

有时为了某种需要，可将电路中的某段与电阻并联，以起到分流或调节电流的作用。当负载并联时，各负载自成一个支路，若供电电压一定，则各负载工作时相互不影响；若某个支路的电阻值改变，则只会改变自身支路的电流，不会改变其他支路的电流，仅使线路总电流有所改变，因此供电线路中的负载一般都采用并联接法。通常说一条供电线路的"负载增大"（负荷大），就是指这条线路上并联的负载增多，线路总电流增大和从电源中消耗的功率增大，而不是电路的等效电阻增大。

因为用电设备都并联接到供电电源上，在同一电压下工作，所以一般都会在用电设备上标明它的额定电压，在使用时所接电源电压必须与额定电压相符，否则用电设备将工作不正常，严重时甚至会损坏，有的用电设备还标明了额定电流或功率。例如，指示灯用的小灯泡上标有 6.3V、0.3A，照明灯的灯泡上标有 220V、100W 等，这里标出了它们在额定电压下应取用的电流或消耗的功率。又如，一个电阻器上标有 100Ω、3W，这种标注方法是考虑电阻器在使用时可能并联到电源上，也可能与其他负载串联，所以只标阻值，不标电压，但不论怎样连接，电阻器消耗的功率都不应超过 3W。若经计算后实际功率超过 3W，则必须另换一个额定功率较大的电阻器，以免电阻器过热或烧坏电阻器。

额定值是安全使用各种电气设备和元件的依据，只有了解它们的各项额定值，才能正确使用。

【例 1-8】在 U=220V 的供电线路上，并联接入两台电炉，它们的额定值分别是：220V、1000W 和 220V、300W。（1）求供电线路上的总电流；（2）若供电线路上的负载继续增大,则继续并联接入 5 盏 220V、100W 的白炽灯,线路总电流又会有何改变?

解:两台电炉的额定工作电流分别为:

$$I_1 = \frac{1000}{220} = 4.55 \text{(A)}$$

$$I_2 = \frac{300}{220} = 1.36 \text{(A)}$$

(1) 供电线路总电流:

$$I = I_1 + I_2 = 4.55 + 1.36 = 5.91 \text{(A)}$$

(2) 5 盏白炽灯的额定工作电流:

$$I_3 = \frac{100 \times 5}{220} = 2.27 \text{(A)}$$

负载增大后的电路总电流:

$$I' = I + I_3 = 5.91 + 2.27 = 8.18 \text{(A)}$$

【例 1-9】如果把两台标有 220 V、1000W 和 220 V、300W 的电炉串联接到 380V 的电源上,能否正常使用?

解:从两台电炉上标的额定值来看,它们应当并联接到 220V 电源上才能正常工作,现在串联接到 380V 的电源上,电压、功率都不再是额定值,要确定它们的实际工作状况,应计算出它们实际得到的电压和消耗的功率。

利用电炉上标的额定值,计算出它们各自的电阻值。根据公式

$$P = UI \text{ , } I = \frac{U}{R}$$

可得

$$R = \frac{U^2}{P}$$

则两台电炉的电阻值分别为:

$$R_1 = \frac{U^2}{P_1} = \frac{220^2}{1000} = 48.4 \text{ (}\Omega\text{)}$$

$$R_2 = \frac{U^2}{P_2} = \frac{220^2}{300} = 161.3 \text{ (}\Omega\text{)}$$

串联后的等效电阻为:

$$R = R_1 + R_2 = 48.4 + 161.3 = 209.7 \text{ (}\Omega\text{)}$$

接到 380 V 电源后的电流为:

$$I = \frac{U}{R} = \frac{380}{209.7} = 1.812 \text{(A)}$$

两台电炉上的电压为:

$$U_1 = R_1 I = 48.4 \times 1.812 = 87.7 \text{（V）}$$

$$U_2 = R_2 I = 161.3 \times 1.812 = 292.3 \text{（V）}$$

两台电炉实际消耗的功率为：

$$P_1 = U_1 I = 87.7 \times 1.812 = 158.9 \text{（W）}$$

$$P_2 = U_2 I = 292.3 \times 1.812 = 529.6 \text{（W）}$$

结果是 220 V、1000 W 的电炉，实际电压为 87.7 V，实际消耗功率为 158.9 W，不能正常发热；220 V、300 W 的电炉，实际电压为 292.3 V，实际消耗功率为 529.6 W，将过热烧坏。

【例 1-10】如图 1-29（例 1-7）所示的分压器电路，选取 R_1=2 kΩ，R_2=1 kΩ。若现有的电阻元件额定功率有 0.125 W，0.25 W，0.5 W 三种，则应选用哪一种？

解：通过 R_1 和 R_2 的电流：

$$I = \frac{U_1}{R_1 + R_2} = \frac{6}{2000 + 1000} = 0.002 \text{（A）}$$

在 R_1 和 R_2 上实际消耗的功率：

$$P_1 = R_1 I^2 = 2000 \times 0.002^2 = 0.008 \text{（W）}$$

$$P_2 = R_2 I^2 = 1000 \times 0.002^2 = 0.004 \text{（W）}$$

则选用 0.125 W 的电阻元件即可满足要求。

实际应用中也会遇到电阻串并联混合连接的情况，称为混联，在计算这种电路时，只需根据串联和并联的基本规律逐步求解即可。

第五节　电路工作状态

从负载的角度分析直流电路，直流电路可分为有载工作状态、开路工作状态和短路工作状态。

直流电路如图 1-31 所示，E、U 和 R_0 分别为电源的电动势、端电压和内阻，R 为负载电阻，开关 S 为控制元件，导线将电源、负载和开关连接成回路。

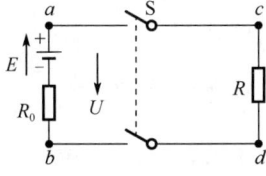

图 1-31　直流电路

一、有载工作状态

将图 1-31 中的开关 S 闭合,接通电源与负载,如图 1-32 所示,这就是电路的有载工作状态。电路中的电流为:

$$I = \frac{E}{R_0 + R} \tag{1-25}$$

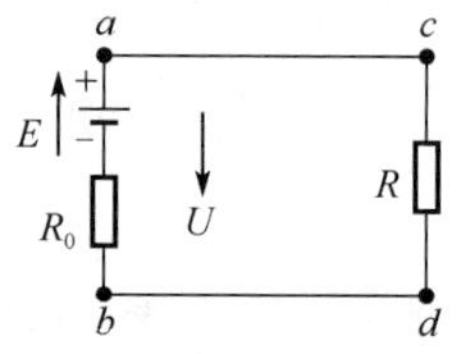

图 1-32 有载工作状态

通常电源的电动势 E 和内阻 R_0 是一定的,由式(1-25)可知,负载电阻 R 越小,则电流 I 越大。负载电阻两端的电压为 $U=IR$,将 $U=IR$ 代入式(1-25)中,

则得

$$U = E - IR_0 \tag{1-26}$$

由式(1-26)可知,电源端电压 U 小于电动势 E,两者之差为电流通过电源内阻所产生的电压降 IR_0。电流越大,则电源端电压下降得越多。电源内阻 R_0 一般很小,当 $R_0 \ll R$ 时,

则

$$U \approx E$$

$U \approx E$ 表明,当 $R_0 \ll R$ 时,若电流(负载)变化,则电源的端电压 U 变化不大。

二、开路工作状态

在图 1-31 所示的电路中,当开关 S 断开时,则电路处于开路(空载)状态,开路工作状态如图 1-33 所示。开路时外电路的电阻对电源来说等于无穷大,因此电路中的电流为零,这时电源的端电压 U 称为开路电压或空载电压 U_0,其大小等于电源电动势 E,电源不输出电能。

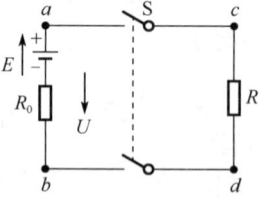

图 1-33 开路工作状态

综上所述,电路开路时的特征可用下列各式表示:

$$I = 0 \tag{1-27}$$
$$U = U_0 = E \tag{1-28}$$

三、短路工作状态

在图 1-31 所示的电路中，当负载两端 c 和 d 由于某种原因而连在一起时，则电源被短路，短路工作状态如图 1-34 所示。当电源短路时，外电路的电阻可视为零，电流有捷径可通，不再流过负载，此时在电流的回路中仅有很小的电源内阻 R_0，所以这时的电流很大，此电流称为短路电流 I_S。短路电流可能使电源线路和开关电器遭受机械的和发热的损伤或毁坏。在短路工作状态下电源所产生的电能全被内阻消耗。

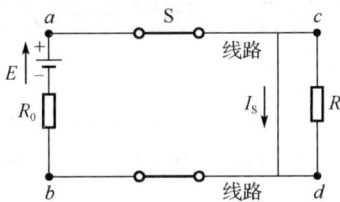

图 1-34 短路工作状态

当负载短路时，负载端电压 U_{cd} 也为零，这时电源的电动势 E 全部降在内阻上。电路短路时的特征可用下列各式表示：

$$U_{cd} = 0 \tag{1-29}$$
$$I = I_S = \frac{E}{R_0} \tag{1-30}$$

短路通常是一种严重事故，应该尽量避免短路。短路可能发生在电源端或线路的任何地方，产生短路的原因往往是绝缘损坏或接线不慎，因此经常检查电气设备和线路的绝缘情况是一项很重要的安全措施。此外，为了防止短路事故引起的不良后果，通常在电路中接入熔断器或低压断路器，以便在发生短路时，能迅速将故障电路自动切断。

【例 1-11】图 1-35 所示的电路可用来测量电源的电动势 E 和内阻 R_0。在电路中，$R_1=2.6\Omega$，$R_2=5.5\Omega$。当开关 S_1 闭合、S_2 断开时，电流表读数为 2A；当开关 S_1 断开、S_2 闭合时，电流表读数为 1 A。试求 E 和 R_0。

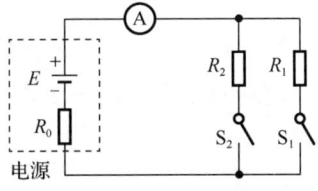

图 1-35 例 1-11 图

解：当开关 S_1 闭合、S_2 断开时：

$$E = I_1(R_1 + R_0)$$

当开关 S_1 断开、S_2 闭合时：

$$E = I_2(R_2 + R_0)$$

联立以上两式解得：

$$R_0 = \frac{I_2 R_2 - I_1 R_1}{I_1 - I_2} = \frac{1 \times 5.5 - 2 \times 2.6}{2 - 1} = 0.3 （\Omega）$$

$$E = I_1(R_1 + R_0) = 2 \times (2.6 + 0.3) = 5.8 （V）$$

第六节　电路分析方法

电路有简单电路和复杂电路之分。简单电路可以用欧姆定律和元件串并联的特点来分析，而复杂电路则要用基尔霍夫定律、电压源和电流源的等效变换法等来分析。

一、常用术语

下面先介绍节点、支路和回路三个常用术语。

1．节点

三个或三个以上电路的汇合点称为节点。多回路直流电路如图 1-36 所示，图中 a 点和 b 点都是节点，而 c 点和 d 点就不是节点。在画电路图时，节点要用圆黑点表示。

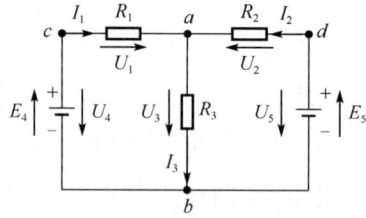

图 1-36　多回路直流电路

2．支路

相邻两节点间的电路称为支路。同一个支路中各处的电流均相等，即同一个支路中流过同一电流。如图 1-36 所示，电路有三个支路：支路 acb、支路 ab 和支路 adb。

3．回路

由一个或多个支路组成的闭合电路称为回路。图 1-36 所示的电路中有三个回路：

abca、*adba* 和 *adbca*。

二、基尔霍夫定律

基尔霍夫定律反映的是任意电路（直流或交流）、任意元件（线性或非线性）之间的电压和电流关系，是反映电路中电压和电流的普遍规律，是计算任意电路（简单或复杂）的基本依据。基尔霍夫定律分为基尔霍夫电流定律和基尔霍夫电压定律，基尔霍夫电流定律（KCL）应用于节点，基尔霍夫电压定律（KVL）应用于回路。

1. 基尔霍夫电流定律

基尔霍夫电流定律是用来确定连接在同一节点上各支路电流间关系的定律。在任一瞬间，对于电路中的任一节点，流入节点的支路电流之和等于流出节点的支路电流之和，或者说，任一节点支路电流的代数和恒等于零，这就是基尔霍夫电流定律。用数学式表示：

$$\sum I = 0 \tag{1-31}$$

如果规定流入节点的电流取正号，那么流出节点的电流应取负号。

如图 1-36 所示的电路中，对于节点 *a*，根据基尔霍夫电流定律，可得关系式：

$$I_1 + I_2 = I_3 \text{（或 } I_1 + I_2 - I_3 = 0 \text{）}$$

再根据基尔霍夫电流定律写出连接在节点 *b* 上各支路电流间的关系式：

$$I_3 = I_1 + I_2$$

可以看到：根据基尔霍夫电流定律，写出的节点 *a* 和节点 *b* 的关系式是完全相同的。实际上，在同一电路中如果有 *n* 个节点，那么就可以根据基尔霍夫电流定律写出 (*n*-1) 个独立的基尔霍夫电流方程式。

2. 基尔霍夫电压定律

基尔霍夫电压定律是用来确定一个回路中各段电压降和电动势间平衡关系的定律。若从回路中任意一点出发沿回路任一方向（一般选顺时针）循环一周，则在这个方向上的电压升之和应该等于电压降之和，这就是基尔霍夫电压定律。用数学式表示：

$$\sum U = 0 \tag{1-32}$$

如果规定电压升取正号，那么电压降取负号。

在图 1-36 所示的电路中，对于回路 *adbca*，沿顺时针方向循环一周，根据基尔霍夫电压定律，可得关系式：

$$U_2 - U_5 + U_4 - U_1 = 0$$

再根据基尔霍夫电压定律写出其他两个回路电压间的关系式：

回路 adba：

$$U_2 - U_5 + U_3 = 0$$

回路 abca：

$$-U_3 + U_4 - U_1 = 0$$

可以发现：在以上三个关系式中，只有两个关系式是独立的。实际上，在同一电路中如果有 b 条支路、n 个节点，那么就可以根据基尔霍夫电压定律写出（b−n+1）个独立的关系式。

在分析电路时，一般要把基尔霍夫定律和欧姆定律结合起来使用。

【例 1-12】如图 1-37 所示电路，电流 $I_1 = 1\text{ A}$，$I_2 = 5\text{ A}$，试求电流 I_3。

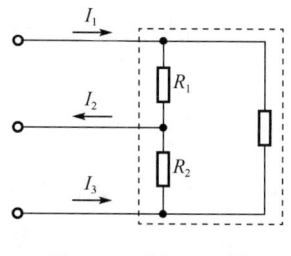

图 1-37　例 1-12 图

解：假设有一个闭合面将三个电阻包围起来（图中虚线所示），这个闭合面可看作一个广义节点，则有：

$$I_1 + I_3 = I_2$$

所以：

$$I_3 = -I_1 + I_2 = -1 + 5 = 4\text{（A）}$$

【例 1-13】图 1-38 所示为某电路中的一个回路，部分元件参数及支路电流已在电路中标出，试求未知参数 R_3 及电压 U_{bd}。

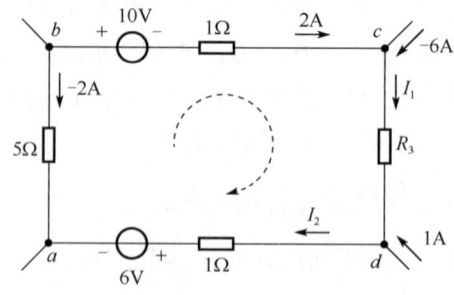

图 1-38　例 1-13 图

解：列出 c 点和 d 点的基尔霍夫电流方程：
$$I_1 = 2 + (-6) = -4 \text{（A）}$$
$$I_2 = I_1 + 1 = -4 + 1 = -3 \text{（A）}$$

回路的绕行方向如图 1-38 所示，列出基尔霍夫电压方程：
$$10 + 2 \times 1 + I_1 \times R_3 + I_2 \times 1 + 6 = -2 \times 5$$

将各数据代入基尔霍夫电压方程解得：
$$R_3 = 6.25 \text{（Ω）}$$

对假想回路 $abda$ 列出基尔霍夫电压方程：
$$U_{bd} + I_2 \times 1 + 6 = -2 \times 5$$

将各数据代入基尔霍夫电压方程解得：
$$U_{bd} = -13 \text{（V）}$$

计算结果表示 d 点比 b 点高 13V。

【例 1-14】在图 1-39 所示的电路中，已知 $E_1 = 23\text{V}$，$E_2 = 6\text{V}$，$R_1 = 10\text{Ω}$，$R_2 = 8\text{Ω}$，$R_3 = 5\text{Ω}$，$R_4 = R_6 = 1\text{Ω}$，$R_5 = 4\text{Ω}$，$R_7 = 20\text{Ω}$，试求电流 I_{ab} 及电压 U_{cd}。

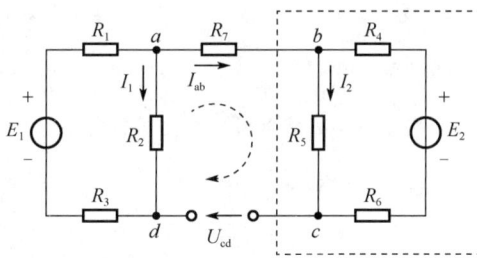

图 1-39 例 1-14 图

解：电路中各支路电流的参考方向及回路的绕行方向如图 1-39 所示，由于 c、d 两点之间断开，流出此闭合面的电流为零，因此流入此闭合面的电流为：
$$I_{ab} = 0$$

由于 $I_{ab} = 0$，c、d 两点之间断开，因此整个电路相当于两个独立的回路，这两个回路中的电流分别为：
$$I_1 = \frac{E_1}{R_1 + R_2 + R_3} = \frac{23}{10 + 8 + 5} = 1 \text{（A）}$$
$$I_2 = \frac{E_2}{R_4 + R_5 + R_6} = \frac{6}{1 + 4 + 1} = 1 \text{（A）}$$

在回路 $abcd$ 中应用基尔霍夫电压定律，按绕行方向可列出方程：
$$R_7 I_{ab} + R_5 I_2 + U_{cd} = R_2 I_1$$

由于 $I_{ab} = 0$，代入数据解得：

$$U_{cd} = R_2 I_1 - R_5 I_2 = 8 \times 1 - 4 \times 1 = 4 \text{（V）}$$

三、电压源与电流源的等效变换法

分析结构较为复杂的电路，除可用以上介绍的基尔霍夫定律外，还可用电压源与电流源的等效变换法。

在保证外部电路电压、电流关系不变的前提下，电压源和电流源两者间可以等效变换。图 1-40（a）所示是一个实际电压源向负载 R_L 供电的电路，图 1-40（b）所示是一个实际电流源向负载 R_L 供电的电路。若这两个实际电源是等效的，则电流 I 和电压 U 之间的关系应保持不变。

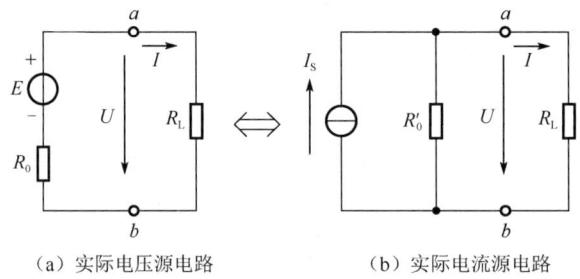

（a）实际电压源电路　　　　（b）实际电流源电路

图 1-40　两种实际电源的等效变换

从图 1-40（a）所示的电路中可得：

$$U = E - IR_0$$

整理可得：

$$I = \frac{E}{R_0} - \frac{U}{R_0} \tag{1-33}$$

从图 1-40（b）所示的电路中可得：

$$I = I_S - \frac{U}{R_0'} \tag{1-34}$$

所以，只要满足条件：

$$I_S = \frac{E}{R_0}, \quad R_0 = R_0' \tag{1-35}$$

则式（1-33）和式（1-34）就完全相同，也就是图 1-40 所示的两个实际电源的外部伏安特性曲线完全相同，因此对外接负载是等效的。式（1-35）就是电压源和电流源等效互换的条件。可见一个内阻不为零或无穷的实际电源，既可以用电压源表示，又可以用等效的电流源表示，对于外电路而言两者并没有什么不同。所谓的电压源或电流源，不过是同一实际电源的两种不同表示方法而已。在实际应用中，内阻较大的电源用电流源表示，内阻较小的电源用电压源表示比较方便。

电压源和电流源在等效变换时还须注意以下几点。

（1）电压源是电动势为 E 的理想电压源与内阻 R_0 相串联，电流源是电流为 I_S 的理想电流源与内阻 R_0 相并联，它们是同一电源的两种不同电路模型。

（2）在变换时两种电路模型的极性必须一致，即电流源流出电流的一端与电压源的正极性端相对应。

（3）这种等效变换是对外电路的，在电源内部是不等效的。以空载为例，对于电压源来说，其内部电流为零，内阻上的损耗也为零；对于电流源来说，其内部电流为 I_S，内阻上的损耗为 $I_S^2 R_0'$。

（4）理想电压源和理想电流源不能进行电压源和电流源的等效变换。

（5）在电压源和电流源的变换关系中，R_0 不限于内阻，可扩展至任一电阻。凡是电动势为 E 的理想电压源与某电阻 R 串联的有源支路，都可变换成电流为 I_S 的理想电流源与电阻 R 并联的有源支路，反之亦然。其相互变换的关系是：

$$I_S = \frac{E}{R} \tag{1-36}$$

在一些电路中，利用电压源和电流源的等效变换关系，可大为简化计算。

【例 1-15】在图 1-41 所示的电路中，已知电压源电压 E_1=12V，E_2=24V，R_1=R_2=20Ω，R_3=50Ω，试用电压源与电流源的等效变换法求出通过电阻 R_3 的电流 I_3。

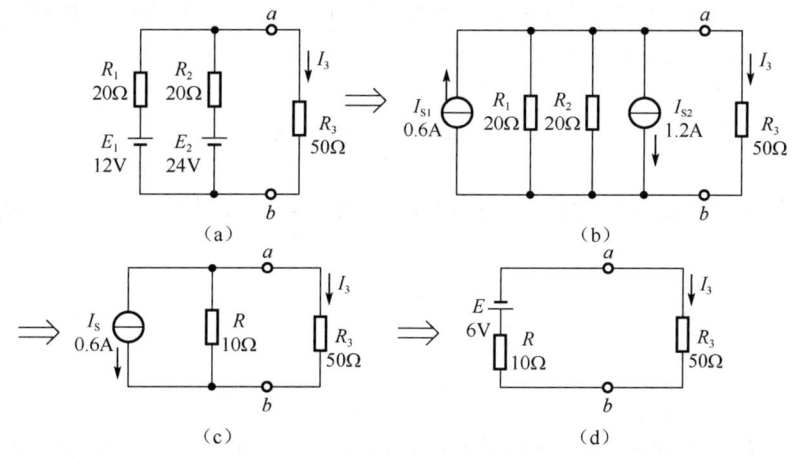

图 1-41　例 1-15 图

解：由图 1-41（d）可得：

$$I_3 = \frac{-E}{R + R_3} = \frac{-6}{10 + 50} = -0.1 \text{（A）}$$

由例 1-15 可以看出反复进行电压源与电流源等效变换的目的是得到一个包含未知量的单回路电路，再用基尔霍夫定律来求解未知量。

四、叠加定理

叠加定理是线性电路普遍适用的基本定理，它反映了线性电路的基本性质。叠加定理的内容可表达为在线性电路中，多个电源（电压源或电流源）共同作用在任一支路所产生的响应（电压或电流）等于这些电源单独作用在该支路所产生响应的代数和。

在应用叠加定理考虑某个电源的单独作用时，应保持电路结构不变，将电路中的其他理想电源视为零值，即理想电压源短路，电动势为零，或者理想电流源开路，电流为零。下面通过实例说明应用叠加定理分析电路的方法。

【例 1-16】如图 1-42 所示的电路，求电路中的电流 I_L。

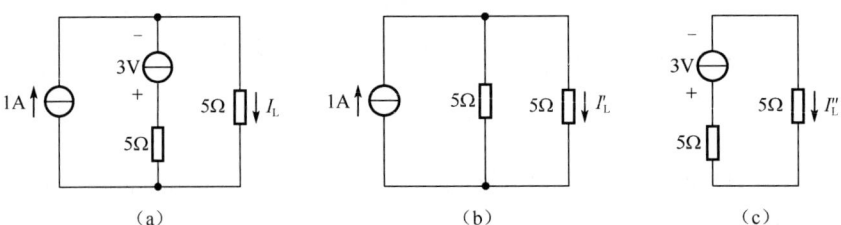

图 1-42 例 1-16 的电路

解：图 1-42（a）所示的电路共有两个电源。先考虑电流源单独作用的情况，此时电压源视为短路，如图 1-42（b）所示，可知：

$$I'_L = \frac{5}{5 + 5} = 0.5 \text{（A）}$$

再考虑电压源单独作用的情况，此时电流源视为开路，如图 1-42（c）所示，可知：

$$I''_L = -\frac{3}{3 + 5} = -0.3 \text{（A）}$$

叠加后可得：

$$I = I'_L + I''_L = 0.5 - 0.3 = 0.2 \text{（A）}$$

（选讲）受控源在没有其他电源激励的情况下不可能独立存在，不能将受控源视为独立电源。如果电路中有受控源，那么在考虑某个电源单独作用时，受控源应保留在原处。

【例 1-17】如图 1-43（a）所示电路，试求电压 U_1。

解：这是一个有受控源的电路。按叠加定理做出电流源单独作用时的电路如图 1-43（b）所示，电压源单独作用的电路如图 1-43（c）所示。

图 1-43（b）和图 1-43（c）所示的电路，都将受控电压源保留在原处，相应的控制量分别标为 U_1' 和 U_1''。

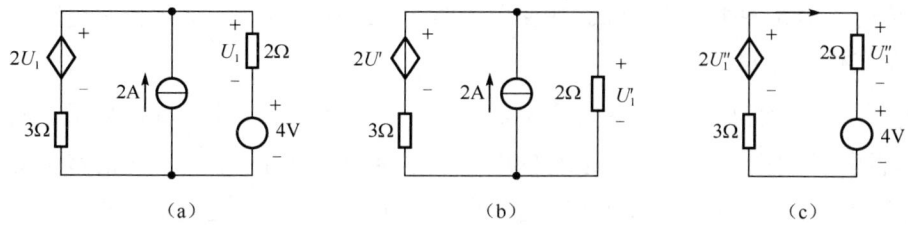

图 1-43 例 1-17 的电路

对于图 1-43（b）所示的电路，根据基尔霍夫电流定律，可列出节点电流方程：

$$\frac{U'}{2} + \frac{U_1' - 2U_1'}{3} = 2$$

解得：

$$U' = 12（\text{V}）$$

对于图 1-43（c）所示的电路，根据基尔霍夫电压定律，可列出回路电压方程：

$$U_1'' - \frac{3 \times U_1''}{2} = 4$$

解得：

$$U_1'' = -8（\text{V}）$$

则有：

$$U_1 = U_1' + U_1'' = 12 - 8 = 4（\text{V}）$$

使用叠加定理时应注意以下几点。

（1）叠加定理只适用于分析线性电路中的电压和电流，线性电路中的功率或能量与电流、电压成二次方关系，不具有叠加性质。

（2）叠加定理反映的是电路中理想电压源或理想电流源所产生的响应，而不是实际电源所产生的响应，所以实际电源的内阻必须保留在原处。

（3）在应用叠加定理时应注意原电路中各电压和电流与各电源单独作用下各分电压和分电流的参考方向。以原电路中电压和电流的参考方向为准，分电压和分电流的参考方向与其一致时取正号，不一致时取负号。

本章小结

（1）电路由电源、负载和连接电源、负载之间的中间环节三部分组成。电流、电压、电位、电动势、电能和电功率是电路的主要物理量。电路有有载、开路、短路三种工作状态，应防止电路发生短路故障。在使用电路元件时必须注意其额定值，电路元件在额定状态下工作最为安全。

（2）在分析电路时，必须先标出电流、电压、电动势的参考方向，参考方向一经选定，在解题过程中不能更改。当求得的电压或电流为正值时，表明假定的参考方向与实际方向相同，否则相反。在未标出参考方向的情况下，其正负是无意义的。

（3）由理想电路元件（简称电路元件）组成的电路称为电路模型。理想电路元件有电阻元件、电容元件、电感元件、理想电压源和理想电流源。

（4）电路中某点的电位等于该点与"参考点"之间的电压。若参考点改变，则各点的电位值相应改变，但任意两点间的电位差（电压）不变。

（5）基尔霍夫定律是电路的基本定律，它分为基尔霍夫电流定律（KCL）和基尔霍夫电压定律（KVL）。基尔霍夫电流定律适用于节点，其表达式为$\sum I=0$，基本含义是任一瞬间通过任一节点的电流代数和恒等于零。基尔霍夫电压定律适用于回路，其表达式为$\sum U=0$，表示任一瞬间，沿任一闭合回路，回路中各部分电压的代数和为零。基尔霍夫定律具有普遍性，它不仅适用于直流电路，还适用于由各种不同电路元件构成的交流电路。

（6）一个实际直流电源可采用两种理论模型，即电压源模型和电流源模型，两者之间可进行等效变换，等效关系为$I_S = \dfrac{E}{R_0}$。它们的等效关系是对外电路而言的，对电源内部则是不等效的。

（7）电流的测量：将电流表串联在电路中，让被测电流通过电流表。电流表的内阻应尽量小。使用电流表时应注意选择适合的量程。测直流电流时还应注意正、负极性。

（8）电压的测量：将电压表并联在电路中，让被测电压加在电压表两端。电压表的内阻应尽量大。使用电压表时应注意选择适合的量程。测直流电压时还应注意正、负极性。

习　　题

1-1　电路的组成和作用是什么？

1-2　如何将实际电路转化为电路模型？电路元件主要有哪些？

1-3 "1kΩ、1W"的电阻器可承受的最大电压是多少？此时允许流过的电流是多少？

1-4 电源的电动势含义是什么?电动势、电压与电位的区别在哪里？

1-5 电流的参考方向与实际方向的关系是什么？电路图中标注的电流方向是参考方向还是实际方向？

1-6 电压的参考方向与实际方向的关系是什么？电路图中标注的电压方向是参考方向还是实际方向？

1-7 写出图1-44中 U 的表达式。

1-8 如图1-45所示，已知电源的电动势 E=6 V，内阻 R_0=1Ω，负载 R=5Ω，求负载两端电压 U。

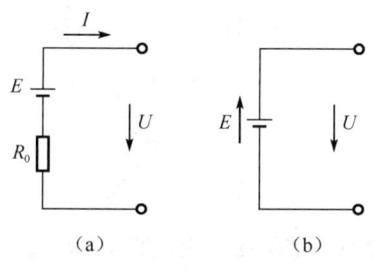

图1-44 习题1-7图

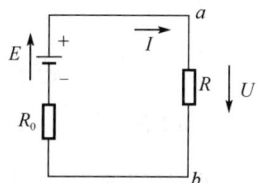

图1-45 习题1-8图

1-9 如图1-46所示，已知电流 I_s=3 A，R_1=1kΩ，欲使 I=2 A，则 R_2 必须为多大？

1-10 如图1-47所示，已知 E=20V，R_0=2Ω，R=8Ω，求在开关S闭合和断开情况下的电压 U_{ab} 和 U_{cd}。

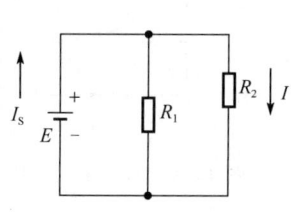

图1-46 习题1-9图

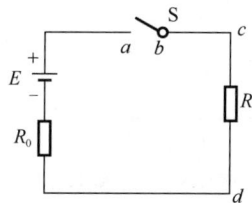

图1-47 习题1-10图

1-11 如图1-48所示，电源开路电压 U_0=10 V，接上电阻 R=4Ω后，测得两端电压 U=8 V，求电源内阻 R_0。

1-12 如图1-49所示，电源电动势 E=8V，R_1=R_2=4Ω，求 U_c。

1-13 如图1-50所示，电源电动势 E=8V，R_1=R_2=4Ω，求 I_L。

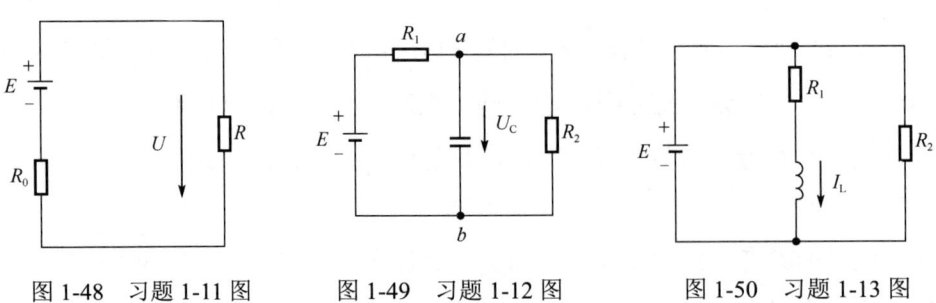

图 1-48 习题 1-11 图　　图 1-49 习题 1-12 图　　图 1-50 习题 1-13 图

1-14　如图 1-51 所示，求 I 和各元件消耗或产生的功率。

1-15　如图 1-52 所示，求 I。

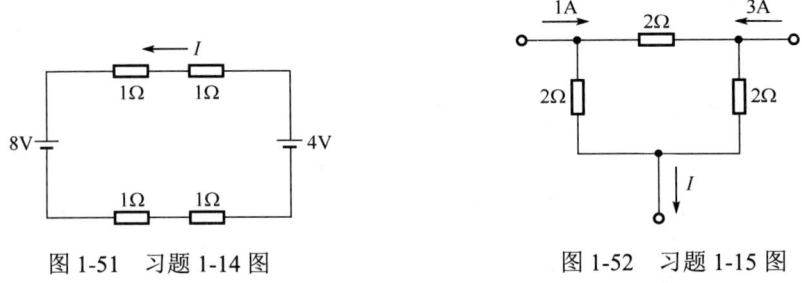

图 1-51 习题 1-14 图　　　　　　图 1-52 习题 1-15 图

1-16　如图 1-53 所示，已知 $E_1=10V$，$E_2=20V$，$R_1=3\Omega$，$R_2=2\Omega$，求 U_{ab} 和各元件消耗或产生的功率。

1-17　如图 1-54 所示，求 U_a。

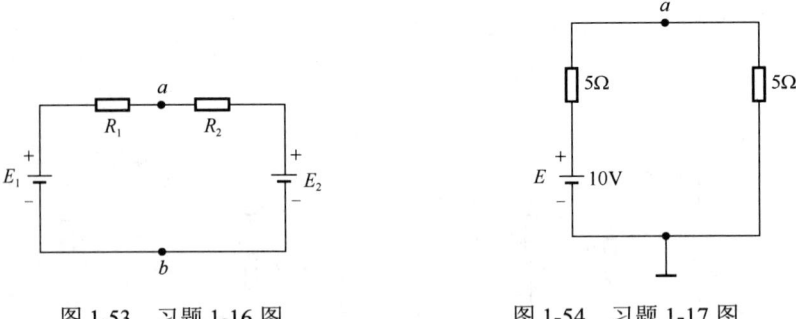

图 1-53 习题 1-16 图　　　　　　图 1-54 习题 1-17 图

1-18　如图 1-55 所示，已知 $U_a=3V$，求 U_b。

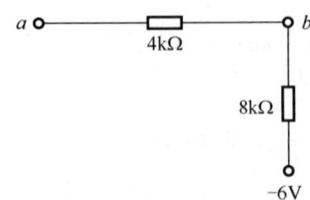

图 1-55 习题 1-18 图

1-19 将一台"220V、1 000W"的电炉接到 110V 电压上,则此电炉功率变为多大?

1-20 将一只"110V、40W"和一只"110V、100W"的灯泡串联后接到 220V 的电源上,两只灯泡能否正常发光?

1-21 如图 1-56 所示,求 a,b 两点间的开路电压 U_{ab}。

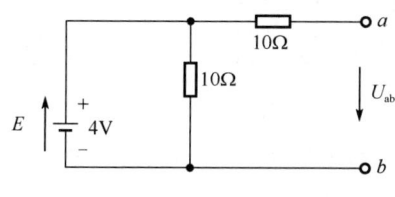

图 1-56　习题 1-21 图

1-22 有一只电阻值为 100Ω,工作电压为 6.3V 的电铃,现在电源电压为 12V,问必须串联一只多大的降压电阻电铃才能正常工作,此时电铃和降压电阻的功率各为多少?

1-23 有一个闭合回路如图 1-57 所示,各元件任意,已知 U_{cd}=5V,U_{bc}= -4V,U_{da}= -3V。求(1)U_{ba};(2)U_{ca}。

1-24 如图 1-58 所示,a 和 b 两点开路,求 U_{ab}。

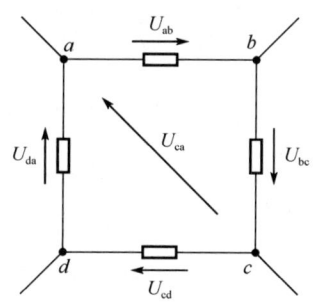 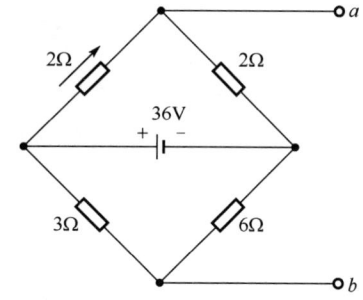

图 1-57　习题 1-23 图　　　　　图 1-58　习题 1-24 图

1-25 如图 1-59 所示,列出各支路电流所需的方程。

1-26 如图 1-60 所示,I=1 A,求电动势 E。

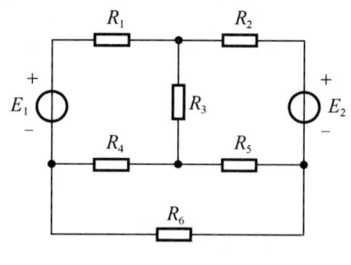 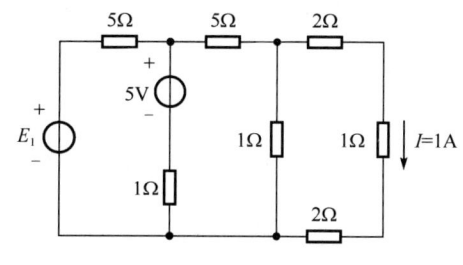

图 1-59　习题 1-25 图　　　　　图 1-60　习题 1-26 图

1-27 求图 1-61 所示电路的电压 U。

1-28 将图 1-62 所示电路用等效电流源来代替，再变换成等效电压源。

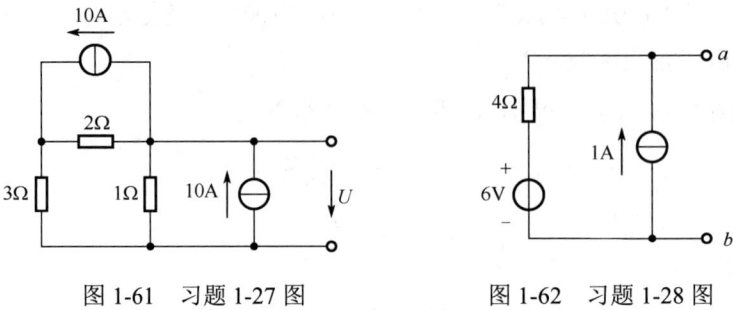

图 1-61　习题 1-27 图　　　图 1-62　习题 1-28 图

第二章　正弦交流电路

第一节　正弦交流电路概述

大小和方向随时间做周期性变化的电动势、电压和电流分别称为交变电动势、交变电压和交变电流，统称为交流电。在交流电作用下的电路称为交流电路。

常用的交流电随时间按正弦规律变化，称为正弦交流电。正弦交流电可用数学表达式、波形图和相量图表示。正弦交流电动势的波形图如图 2-1 所示，表达式为 $e = E_m \sin \omega t$。以下所称的交流电均指正弦交流电。

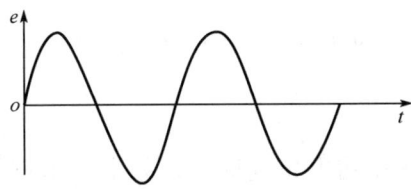

图 2-1　正弦交流电动势的波形图

交流电的应用极为广泛，现代发电厂发出的都是交流电，工农业生产和日常生活广泛应用的也都是交流电。即使是某些需要直流电的场合，如电解、电镀等场合也是将交流电通过整流设备变换为直流电。

第二节　正弦交流电路的物理量

一、周期、频率和角频率

1. 周期

以电流为例，正弦量的一般式为：

$$i = I_m \sin(\omega t + \varphi) \tag{2-1}$$

电流 i 的波形图如图 2-2 所示（设 $\varphi>0$）。交流电完成一次周期性变化所需要的时间称为周期，用符号 T 表示，单位是秒（s）。

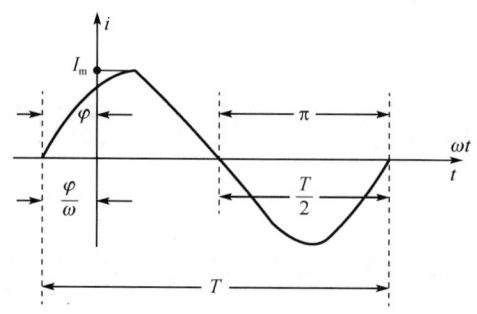

图 2-2 电流 i 的波形图

2．频率

交流电在单位时间内完成周期性变化的次数称为频率，用符号 f 表示，单位是赫兹，简称赫（Hz）。频率的常用单位还有千赫（kHz）和兆赫（MHz）。频率与周期互为倒数，即

$$f = \frac{1}{T} \tag{2-2}$$

我国供电电源的标准频率为 50Hz，习惯上称为工频。

3．角频率

交流电在单位时间内变化的电角度称为角频率，用符号 ω 表示，单位是弧度/秒（rad/s）。因为交流电在一个周期 T 内经过的电角度为 2π 弧度，所以角频率与周期、频率的关系为：

$$\omega = \frac{2\pi}{T} = 2\pi f \tag{2-3}$$

对于工频交流电来说：

$$\omega = 2\pi \times 50 = 100\pi = 314 \text{（rad/s）}$$

ω、T、f 都是反映交流电变化快慢的物理量。ω 越大（f 越大，或者 T 越小），表示交流电循环变化越快；ω 越小（f 越小，或者 T 越大），表示交流电循环变化越慢。

二、瞬时值、最大值和有效值

1．瞬时值

正弦交流电的数值随时间而变化，其在某个瞬间的数值称为交流电的瞬时值。规定用小写字母表示，如 e、u、i 分别表示交流电动势、交流电压、交流电流的瞬时值。

2．最大值

交流电在一个周期内所出现的最大瞬时值称为交流电的最大值（又称幅值）。规定用

大写字母加下标 m 表示，如用 E_m、U_m、I_m 分别表示交流电动势、交流电压、交流电流的最大值。

3．有效值

交流电的有效值根据它的热效应确定。以电流为例，让一个正弦交流电流 i 和一个直流电流 I 分别通过两个阻值相同的电阻 R，若在一个周期 T 内，它们在电阻 R 上产生的热量相等，则称该直流电流 I 的数值就是交流电流 i 的有效值。规定有效值用大写字母表示，如 E、U、I 分别表示交流电动势、交流电压、交流电流的有效值。

可以证明，正弦交流电的有效值等于最大值的 $\dfrac{1}{\sqrt{2}}$ 倍或 0.707 倍，

即

$$I = \frac{I_m}{\sqrt{2}} \quad (\text{或 } I=0.707 I_m)$$

$$E = \frac{E_m}{\sqrt{2}} \quad (\text{或 } I=0.707 E_m)$$

$$U = \frac{U_m}{\sqrt{2}} \quad (\text{或 } I=0.707 U_m) \tag{2-4}$$

在交流电路中，通常使用有效值，如各种使用交流电的电气设备上所标的额定电流和额定电压的数值，交流电流表和交流电压表测量的数值，也都是有效值。以后提到的交流电的数值，凡不做特别说明的，均指有效值。

三、相位、初相和相位差

1．相位

在式（2-1）中，角度 $(\omega t + \varphi)$ 是正弦量在任一瞬时 t 所对应的电角度，称为交流电的相位。相位不仅决定交流电在变化过程中瞬时值的大小和方向，还能反映交流电的变化趋势。

2．初相

交流电是连续变化的，一般来说没有固定的起点和终点。但是，为了方便地分析问题，选择一个计算时间的起点是很有必要的。交流电在 $t = 0$ 时（计时起点时）的相位 φ 称为交流电的初相位，简称初相。初相反映了交流电在计时起点时的状态。

3．相位差

假设有两个同频率的正弦量：

$$e_1 = E_{1m} \sin(\omega t + \varphi_1)$$

$$e_2 = E_{2m}\sin(\omega t + \varphi_2)$$

这两个正弦量交变电动势的相位差如图2-3所示，可知两者的相位各不相同。

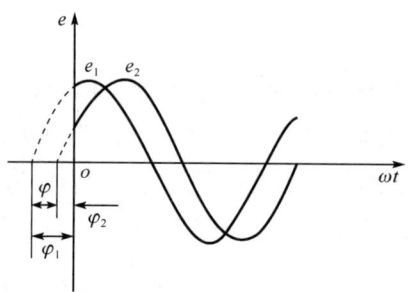

图2-3 正弦量交变电动势的相位差

两个同频率交流电的相位之差称为相位差，用φ表示，即

$$\varphi = (\omega t + \varphi_1) - (\omega t + \varphi_2) = \varphi_1 - \varphi_2 \qquad (2\text{-}5)$$

由此可知，两个同频率交流电的相位差就等于它们的初相之差。相位差与时间无关，在交流电变化过程中的任一时刻都是一个常数，还表明了两个交流电之间在时间上的超前或滞后关系。在实际应用中，规定相位差用绝对值不大于180°（或π弧度）的值表示。当算出的相位差绝对值大于180°时，可以通过±360°将其化为绝对值小于180°的值。

需要指出的是，只有同频率正弦量之间才有相位差，才能画在同一个波形图上进行研究。

按照相位差的不同，交流电的相位关系可以分为以下3种情况。

（1）超前与滞后：仍以正弦量$e_1 = E_m\sin(\omega t + \varphi_1)$、$e_2 = E_m\sin(\omega t + \varphi_2)$为例。若$e_1$和$e_2$的相位差$\varphi_1 - \varphi_2 > 0$，即$e_1$的变化比$e_2$领先，则称$e_1$的相位超前$e_2$；若$e_1$和$e_2$的相位差$\varphi_1 - \varphi_2 < 0$，则称$e_1$的相位滞后$e_2$。

例如，已知：$i_1 = I_{1m}\sin(\omega t + \frac{1}{3}\pi)$ A，$u_1 = U_{1m}\sin(\omega t - \frac{1}{3}\pi)$

其相位差：$\varphi_{1u} = \frac{1}{3}\pi - (-\frac{1}{3}\pi) = \frac{2}{3}\pi$

所以i_1超前u_1 $\frac{2}{3}\pi$，或者u_1滞后i_1 $\frac{2}{3}\pi$。

（2）同相位：若$\varphi_1 - \varphi_2 = 0$，即$\varphi_1 = \varphi_2$，则$e_1$与$e_2$变化步调一致，总是同时到达0和正负最大值，则称正弦量e_1与e_2同相位。

（3）反相位：若$\varphi_{12} = \varphi_1 - \varphi_2 = \pm 180°$，则$e_1$与$e_2$的变化步调恰好相反，$e_1$到达正的最大值，$e_2$恰好到达负的最大值，则称正弦量$e_1$与$e_2$反相位。

综上所述，交流电的最大值（或有效值）、频率（或角频率）和初相是表征交流电变化规律的 3 个重要物理量，称为正弦交流电的三要素。正弦交流电的三要素确定后，正弦交流电的变化情况也就完全确定下来了。

【例 2-1】已知两个正弦电动势 $e_1 = 100\sqrt{2}\sin(100\pi t + 60°)$ V，$e_2 = 65\sqrt{2}\sin(100\pi t - 30°)$ V。求：（1）各电动势的最大值和有效值；（2）频率、周期；（3）初相位、相位差，并说明相位关系；（4）波形图。

解：（1）最大值：$E_{1m} = 100\sqrt{2}$（V），$E_{2m} = 65\sqrt{2}$（V）

有效值：$E_1 = \dfrac{100\sqrt{2}}{\sqrt{2}} = 100$（V），$E_2 = \dfrac{65\sqrt{2}}{\sqrt{2}} = 65$（V）

（2）频率：$f_1 = f_2 = \dfrac{\omega}{2\pi} = \dfrac{100\pi}{2\pi} = 50$（Hz）

周期：$T_1 = T_2 = \dfrac{1}{f} = \dfrac{1}{50} = 0.02$（s）

（3）初相位：$\varphi_1 = 60°$，$\varphi_2 = -30°$

相位差：$\varphi = \varphi_1 - \varphi_2 = 60° - (-30°) = 90°$

所以 e_1 超前 e_2 90°。

（4）波形图如图 2-4 所示。

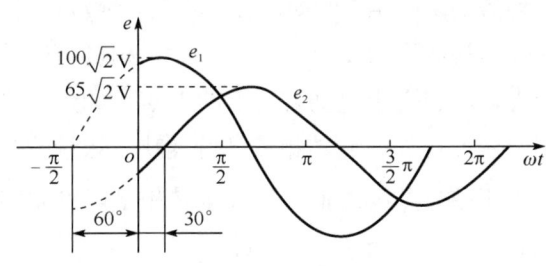

图 2-4　例 2-1 图

【例 2-2】已知某工频正弦交流电路中的电压、电流的最大值各为 311V、5A，初相各为 30°、-60°。（1）试写出它们的表达式；（2）试求它们的有效值、相位差，并判断它们的相位关系。

解：（1）
$$f_1 = f_2 = 50 \text{（Hz）}$$
$$\omega_1 = \omega_2 = 100\pi \text{（rad/s）}$$
$$u = 311\sin(100\pi t + 30°)\text{（V）}$$
$$i = 5\sin(100\pi t - 60°)\text{（A）}$$

（2）有效值：
$$U = \dfrac{311}{\sqrt{2}} = 220 \text{（V）}$$

$$I = \frac{5}{\sqrt{2}} = 3.54 \text{ (A)}$$

相位差： $\varphi = \varphi_u - \varphi_i = 30° - (-60°) = 90°$

因为 $\varphi > 0$，所以电压超前电流 90°或电流滞后电压 90°。

四、正弦量的旋转相量表示法

1. 旋转相量

如前文所述，正弦交流电既可用表达式来表示，也可用波形图来描述，这是因为它们都能将正弦量的三要素完整地表示出来。但在正弦交流电路的分析中，无论是采用表达式还是采用波形图来进行加减运算，都会显得相当烦琐，为此引入了正弦交流电的旋转相量表示法。用旋转相量表示正弦量，能大大简化正弦量的运算。

怎样用旋转相量表示正弦交流电呢？现以正弦电动势 $e = E_m \sin(\omega t + \varphi)$ 为例，在平面直角坐标系中，从原点做一条有向线段，使其长度等于正弦交流电动势的最大值，称为旋转相量 $\dot{E}_m$，其起始位置与横轴正方向的夹角等于正弦交流电动势的初相角 φ，以角速度 ω 逆时针方向旋转，如图 2-5（a）所示，则在任一瞬间，旋转相量在纵轴上的投影就等于该时刻正弦交流电动势的瞬时值。例如，当 $t = 0$ 时，旋转相量在纵轴上的投影为 e_0，相当于图 2-5（b）所示电动势波形的 a 点；当 $t = t_1$ 时，相量与横轴的夹角为 $\omega t_1 + \varphi$，此时相量在纵轴上的投影为 e_1，相当于电动势波形的 b 点，如果相量继续旋转下去，就可得出电动势 e 的波形图。由此可知，旋转相量既可反映正弦量的三要素，又可通过旋转相量在纵轴上的投影求出正弦量的瞬时值，所以旋转相量可以完整地表示正弦量。

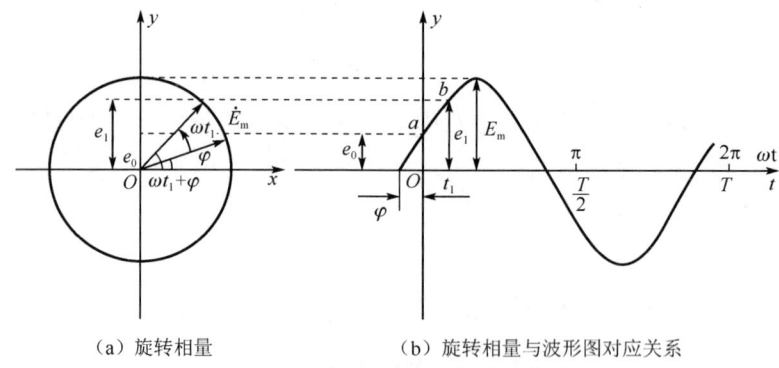

（a）旋转相量　　　　（b）旋转相量与波形图对应关系

图 2-5　正弦交流电的旋转相量图

2. 相量和相量图

把同频率的几个正弦量画在同一个相量图上，由于相量的角频率都相同，因此不管其旋转到什么位置，彼此之间的相位关系始终保持不变。因此，在研究同频率相量之间的关系时，一般只按初相位做出相量，而不必标出角频率，这样的图叫相量图。例如，有三个同频率的正弦量为：

$$e = 60\sin(\omega t + 60°) \text{ V}$$
$$u = 30\sin(\omega t + 30°) \text{ V}$$
$$i = 5\sin(\omega t - 30°) \text{ A}$$

则它们的相量图，如图 2-6 所示。

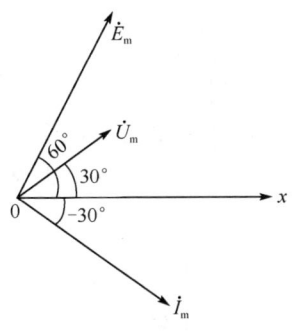

图 2-6　相量图

在实际问题中，往往采用有效值相量图来计算交流电，故把相量图中各个相量的长度缩短到原来的 $\dfrac{1}{\sqrt{2}}$，这样相量图中每个相量的长度不再是最大值，而是有效值，这种相量叫有效值相量，用符号 $\dot{E}$、$\dot{U}$、$\dot{I}$ 等表示。

必须指出，正弦交流电的相量与一般的空间相量（如力、速度等）是不同的，正弦交流电的相量只是正弦量的一种表示方法，是用来计算交流电路的一种工具。为了与一般的空间相量相区别，通常把表示正弦交流电的相量用大写字母上加黑点的符号来表示，如 $\dot{U}_m$ 和 $\dot{I}_m$ 分别表示电压相量和电流相量。

采用相量图表示正弦交流电，可以使交流电的计算简单方便。要进行同频率正弦量加减运算，遵循空间相量的平行四边形法则，即先做出与正弦量相对应的相量，再按平行四边形法则求和，和的长度表示正弦量的和的最大值（或有效值），和与 x 轴正方向的夹角为正弦量和的初相，角频率不变。

第三节　单一参数元件的单相交流电路

以上讨论了交流电的基本概念和表示方法，下面将要研究交流电路。若交流电路中只有一个交变电动势，则称为单相交流电路。交流电路与直流电路的不同之处：分析各种交流电路不但要确定电路中电压与电流之间的大小关系,而且要确定它们之间的相位关系,同时还要讨论电路中的功率问题。在分析复杂的交流电路时,应掌握单一参数(电阻、电感、电容)元件电路中电压与电流之间的关系,因为其他电路均可看作单一参数元件电路的组合。

在交流电路中,电压和电流都是交变的,因而有两个作用方向。为方便分析电路,常把其中的一个方向规定为正方向,且同一电路中电压和电流的正方向应规定一致。

一、纯电阻电路

负载只有电阻元件构成的电路,称为纯电阻电路,如白炽灯、电烙铁、电炉等实际元件组成的交流电路,都可近似看作纯电阻电路,如图 2-7(a)所示。在这些电路中,当外加电压一定时,影响电流大小的主要因素是电阻 R。

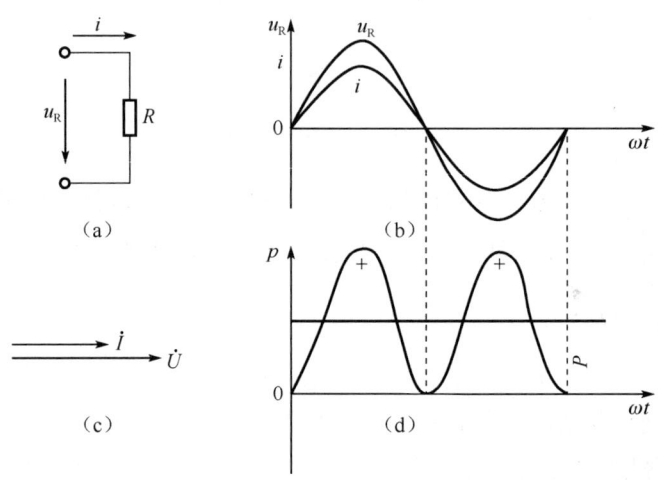

图 2-7 纯电阻电路

1. 电流与电压的相位关系

设加在电阻两端的交流电压为:

$$u_R = U_{Rm} \sin \omega t$$

根据欧姆定律,通过电阻的电流瞬时值为:

$$i = \frac{u_R}{R} = \frac{U_{Rm} \sin \omega t}{R} \quad (2\text{-}6)$$

从式(2-6)中可以看出,在正弦电压的作用下,电阻中通过的电流也是一个同频率的交流电流,且与加在电阻两端的电压同相位。图 2-7(b)、(c)分别为电流 i 和电压 u_R

的波形图与相量图。

2．电流与电压的大小关系

由式（2-6）可知，通过电阻的电流最大值为：

$$I_m = \frac{U_{Rm}}{R}$$

若把上式两边同除以$\sqrt{2}$，

则得

$$I = \frac{U_R}{R} \qquad (2-7)$$

这说明在纯电阻电路中，电流与电压的瞬时值、最大值、有效值都符合欧姆定律。

3．功率

在任一瞬间，电阻中的电流瞬时值与同一瞬间加在电阻两端电压瞬时值的乘积，称为电阻消耗的瞬时功率，用P_R表示，

即

$$P_R = u_R i = U_{Rm} I_{Rm} \sin^2 \omega t = U_{Rm} I_m \frac{1-\cos 2\omega t}{2} = U_R I(1-\cos 2\omega t)$$

瞬时功率的波形如图2-7（d）所示。由于电流和电压同相，因此P_R在任一瞬间的数值都是正值或等于零，这说明电阻总是要消耗功率的，是耗能元件。

可以证明，电阻消耗的平均功率P可表示为：

$$P = U_R I = I^2 R = \frac{U_R^2}{R} \qquad (2-8)$$

【例2-3】已知一台电炉所接交流电源电压$u = 311\sin\left(\omega t + \frac{\pi}{3}\right)$V，测得通过它的电流为5A，试求：（1）电流的表达式i。（2）电炉的电阻值R。（3）电炉的功率P。

解：（1）因为电炉是纯电阻性负载，电流与电压同相位。所以$i = 5\sqrt{2}\sin\left(\omega t + \frac{\pi}{3}\right)$（A）。

（2）$R = \dfrac{U}{I} = \dfrac{311/\sqrt{2}}{5} = 44$（Ω）。

（3）$P = I^2 R = 5^2 \times 44 = 1100$（W）。

二、纯电感电路

由电阻很小的电感线圈组成的交流电路，可近似看作纯电感电路。图2-8（a）所示为由一个线圈构成的纯电感电路。

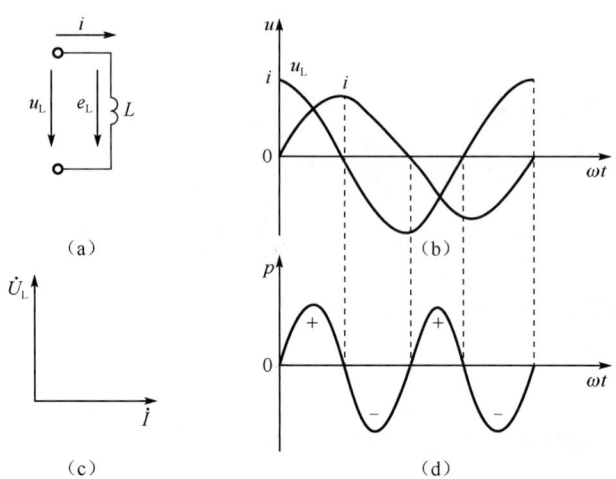

图 2-8 纯电感电路

1．电流与电压的相位关系

当纯电感电路中有交变电流 i 通过时,根据电磁感应定律,线圈 L 上将产生自感电动势,其表达式为:

$$e_L = -L\frac{di}{dt}$$

由于电路中不存在电阻,因此没有电阻压降,e_L 是唯一与外加电压 u_L 相平衡的因素,其正方向如图 2-8(a)所示,由基尔霍夫电压定律可得:

$$u_L = -e_L = L\frac{di}{dt} \tag{2-9}$$

设电感圈 L 中流过的电流为:

$$i = I_m \sin \omega t$$

代入式(2-9)为:

$$u_L = \omega L I_m \sin\left(\omega t + \frac{\pi}{2}\right) \tag{2-10}$$

可见,在纯电感电路中,电压 u_L 和电流 i 是同频率的正弦量,但在相位关系上电压 u_L 超前电流 i $\frac{\pi}{2}$ 角度,如图 2-8(b)和(c)所示。

2．电流与电压的大小关系

由式(2-10)可知,电压的最大值为:

$$U_{Lm} = \omega L I_m$$

若把上式两边同除以 $\sqrt{2}$ 后,

则得
$$U_L = \omega L I$$

或
$$I = \frac{U_L}{\omega L} = \frac{U_L}{X_L} \tag{2-11}$$

式中
$$X_L = \omega L = 2\pi f L \tag{2-12}$$

X_L 表示电感对交流电的阻碍作用，称为感抗，单位是欧姆（Ω）。

显然，感抗的大小取决于线圈的电感 L 和流过它的电流的频率 f。对于某个线圈而言，f 越高 X_L 越大，因此电感线圈对高频电流的阻碍作用很大。对于直流电路而言，由于 $f=0$，因此 $X_L=0$，电感线圈可视为短路，可见感抗只有在交流电路中才有意义。而且感抗只表示电压和电流最大值或有效值的比值，不能表示电压和电流瞬时值的比值，这是因为 u_L 和 i 的相位不同。

3．功率

纯电感电路的瞬时功率为：
$$p_L = u_L i$$

将 u_L 和 i 代入，

得
$$p_L = U_{Lm}\sin\left(\omega t + \frac{\pi}{2}\right) \times I_m \sin\omega t = U_{Lm}I_m \cos\omega t \sin\omega t = U_L I \sin 2\omega t \tag{2-13}$$

式（2-13）确定的功率曲线如图 2-8（d）所示。由图 2-8（d）可知，在第 1 个和第 3 个 $\frac{1}{4}$ 周期内，p_L 为正值，即电源将电能传给线圈并以磁能形式储存在线圈中；在第 2 个和第 4 个 $\frac{1}{4}$ 周期内，p_L 为负值，即线圈将磁能转换成电能返送回电源。这样，在一个周期内，纯电感电路的平均功率为零，就是说纯电感电路中没有能量损耗，只有电能和磁能周期性的转换。因此纯电感元件是一种储能元件。

需要注意的是，虽然纯电感电路的平均功率为零，但事实上电路中时刻进行着能量的交换，所以瞬时功率并不为零。我们把瞬时功率的最大值叫作无功功率，用 Q_L 表示，

即
$$Q_L = U_L I = I^2 X_L = \frac{U_L^2}{X_L} \tag{2-14}$$

为了与有功功率相区别，无功功率的单位用乏（var）来表示。

必须指出，"无功"的含义是"交换"而不是"消耗"，它是相对"有功"而言的，决不能理解为"无用"，事实上无功功率在生产实践中占有很重要的地位。具有电感性质的变压器、电动机等设备都是靠电磁转换工作的。

【例 2-4】有一个电感 $L=0.7\text{H}$ 的线圈，其电阻可以忽略，把它接在 $u = 220\sqrt{2}\sin(314t+30°)$ V 的交流电源上。试求：（1）线圈的感抗；（2）流过线圈的电流

瞬时值表达式；（3）电路的无功功率；（4）电压和电流的相量图。

解：（1） $X_L = \omega L = 314 \times 0.7 = 220$（Ω）。

（2） $I = \dfrac{U}{X_L} = \dfrac{220}{220} = 1$（A）。

在纯电感电路中，电流滞后电压 $90°$，且 $\varphi_u = 30°$，所以电流初相位 $\varphi_i = \varphi_u - 90° = 30° - 90° = -60°$，得：$i = \sqrt{2}\sin(314t - 60°)$（A）。

（3） $Q_L = U_L I = 220 \times 1 = 220$（var）。

（4）电压和电流的相量图如图2-9所示。

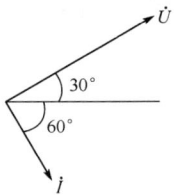

图 2-9　例 2-4 图

三、纯电容电路

由介质损耗很小、绝缘电阻很大的电容组成的交流电路，可近似看作纯电容电路，如图 2-10（a）所示。

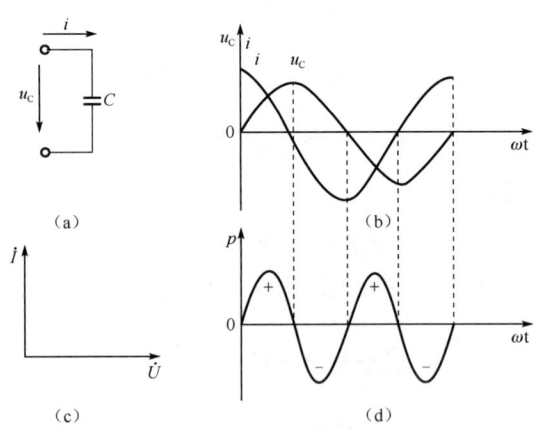

图 2-10　纯电容电路

1．电流与电压的相位关系

设加在电容两端的电压 u_C 为：

$$u_C = U_{Cm} \sin \omega t$$

由于电压的大小及方向在不停变化,因此电容器极板的电荷量也随之发生变化,电容器的充放电过程在不断进行,电容器上形成充放电电流 i,其表达式为:

$$i = \frac{dq}{dt} = C\frac{du_C}{dt} = \omega C U_{Cm} \cos \omega t = \omega C U_{Cm} \sin\left(\omega t + \frac{\pi}{2}\right) \quad (2\text{-}15)$$

由式(2-15)可知,在纯电容电路中,电流 i 与电压 u_C 的频率相同,但在相位关系上电流 i 超前电压 u_C 90°,如图 2-10(b)和(c)所示。

2. 电流与电压的数量关系

由式(2-15)可知:

$$I_m = \omega C U_{Cm}$$

若把上式两边同除以 $\sqrt{2}$ 后,

则得

$$I = \omega C U_C = \frac{U_C}{X_C} \quad (2\text{-}16)$$

式中

$$X_C = \frac{1}{\omega C} = \frac{1}{2\pi f C} \quad (2\text{-}17)$$

X_C 是用来表示电容对交流电流阻碍作用大小的一个物理量,称为容抗,单位是欧姆(Ω)。

显然,容抗的大小与频率及电容成反比,当电容一定时,频率 f 越高容抗 X_C 越小。在直流电路中,因为 $f=0$,所以容抗等于无限大。这表明,当电容接入直流电路时,在稳态下处于断路状态。

与纯电感电路相似,容抗只表示交流电压和电流最大值或有效值之比,不等于它们的瞬时值之比。

3. 功率

采用和纯电感电路相似的方法,可求得纯电容电路的瞬时功率,其表达式为:

$$p_C = u_C i = U_C I \sin 2\omega t \quad (2\text{-}18)$$

根据式(2-18)可画出瞬时功率的波形图,如图 2-10(d)所示。由图 2-10(d)可知,在第 1 个和第 3 个 $\frac{1}{4}$ 周期内,电容吸取电源能量并以电场能的形式储存起来;在第 2 个和第 4 个 $\frac{1}{4}$ 周期内,电容又向电源释放能量。所以纯电容电路在一个周期内的平均功率为零,即 $P=0$。由此可见,纯电容元件也是一种储能元件。

电容与电源间不断进行着能量交换,和纯电感电路一样,瞬时功率的最大值被定义

为电路的无功功率，用以表示电容和电源交换能量的多少。用 Q_C 表示，

即
$$Q_C = U_C I = I^2 X_C = \frac{U_C^2}{X_C} \qquad (2\text{-}19)$$

无功功率 Q_C 的单位也是乏（var）。

【例 2-5】电容器的电容量 $C = 40\mu F$，把它接到电压为 $u = 220\sqrt{2}\sin\left(314t - \frac{\pi}{3}\right)$ V 的电源上。试求：（1）电容的容抗；（2）电流的有效值；（3）电流的瞬时值表达式；（4）电路的无功功率。

解：由 $u = 220\sqrt{2}\sin\left(314t - \frac{\pi}{3}\right)$ V 可以得出：

$$U_m = 220\sqrt{2} \text{ （V），} \omega = 314 \text{ （rad/s），} \varphi_u = -\frac{\pi}{3}$$

（1）电容的容抗为：

$$X_C = \frac{1}{\omega C} = \frac{1}{314 \times 40 \times 10^{-6}} \approx 80 \text{ （}\Omega\text{）}$$

（2）电压的有效值为：

$$U = \frac{U_m}{\sqrt{2}} = \frac{220\sqrt{2}}{\sqrt{2}} = 220 \text{ （V）}$$

则电流的有效值为：

$$I = \frac{U}{X_C} = \frac{220}{80} = 2.75 \text{ （A）}$$

（3）在纯电容电路中，电流超前电压 $\frac{\pi}{2}$，

即
$$\varphi_i - \varphi_u = \frac{\pi}{2}$$

则
$$\varphi_i = \frac{\pi}{2} + \varphi_u = \frac{\pi}{2} - \frac{\pi}{3} = \frac{\pi}{6}$$

故电流的瞬时值表达式为：

$$i = 2.75\sqrt{2}\sin\left(314t + \frac{\pi}{6}\right) \text{ （A）}$$

（4）电路的无功功率为：

$$Q_C = UI = 220 \times 2.75 = 605 \text{ （var）}$$

第四节　电阻、电感、电容的串并联电路

一、电阻、电感、电容的串联电路

由电阻、电感和电容相串联所组成的电路叫作 R-L-C 串联电路，如图 2-11 所示。

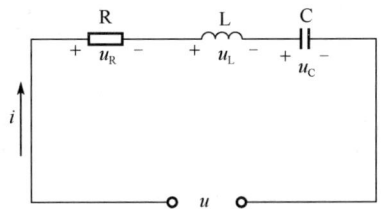

图 2-11　R-L-C 串联电路

设在此电路中通过的正弦交流电流为：

$$i = I_m \sin \omega t$$

则电阻两端的电压为：

$$u_R = RI_m \sin \omega t$$

电感两端的电压为：

$$u_L = X_L I_m \sin\left(\omega t + \frac{\pi}{2}\right) = \omega L I_m \sin\left(\omega t + \frac{\pi}{2}\right)$$

电容两端的电压为：

$$u_C = X_C I_m \sin\left(\omega t - \frac{\pi}{2}\right) = \frac{1}{\omega C} I_m \sin\left(\omega t - \frac{\pi}{2}\right)$$

电路总电压瞬时值等于各个元件上电压瞬时值之和，即

$$u = u_R + u_L + u_C$$

1. 端电压与电流的相位关系

由上述可知，电阻两端电压与电流同相，电感两端电压较电流超前 90°，电容两端电压较电流落后 90°。因此，电感上的电压 u_L 与电容上的电压 u_C 是反相的，故 R-L-C 串联电路的性质要由这两个电压分量的大小来决定。由于串联电路中电流相等，且 $U_L = IX_L$，$U_C = IX_C$，因此电路的性质实际上是由 X_L 和 X_C 的大小来决定的。

（1）当 $X_L > X_C$ 时，$U_L > U_C$。端电压应为 3 个电压 $\dot{U}_R$、$\dot{U}_L$、$\dot{U}_C$ 的相量和，如图 2-12（a）所示。由图 2-12（a）可知，端电压较电流超前一个小于 90°的 φ 角，电路呈电感性，称为电感性电路。端电压 U 与电流 I 的相位差为：

$$\varphi = \varphi_u - \varphi_i = \arctan\frac{U_L - U_C}{U_R} > 0$$

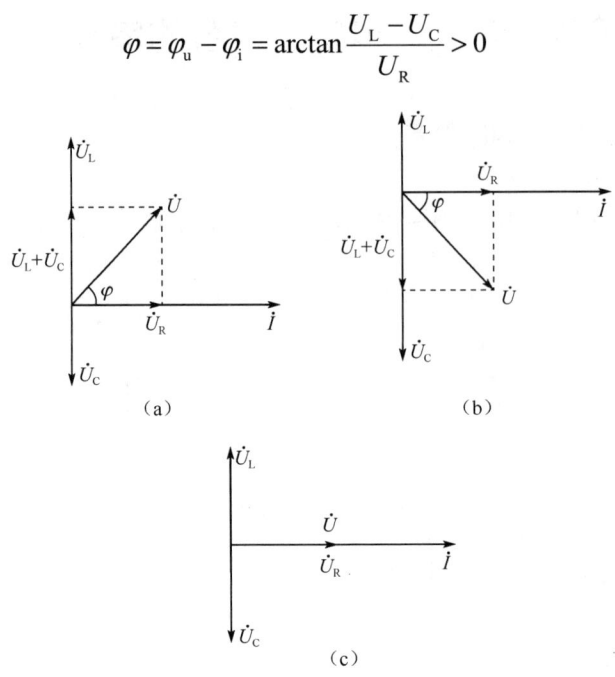

图 2-12 R-L-C 串联电路端电压与电流的相位关系

（2）当 $X_L < X_C$ 时，$U_L < U_C$。它们的相量关系如图 2-12（b）所示，端电压较电流落后一个小于 90°的 φ 角，电路呈电容性，称为电容性电路。端电压与电流的相位差为：

$$\varphi = \varphi_u - \varphi_i = \arctan\frac{U_L - U_C}{U_R} < 0 \quad (\text{此时} \varphi \text{为负值})$$

（3）当 $X_L = X_C$ 时，$U_L = U_C$。电感两端电压和电容两端电压大小相等，相位相反，故端电压就等于电阻两端的电压，电路呈电阻性。电路的这种状态称为串联谐振，相量关系如图 2-12（c）所示。端电压与电流的相位差为：

$$\varphi = \varphi_u - \varphi_i = 0$$

2．端电压和电流的大小关系

从图 2-12 中可以看到，电路的端电压与各分电压构成了一个直角三角形，称为电压三角形。端电压为直角三角形的斜边，直角边由两个分量组成，一个分量是与电流相位相同的分量，也就是电阻两端的电压 U_R；另一个分量是与电流相位相差 90°的分量，也就是电感与电容两端的电压之差 $|U_L - U_C|$。

由电压三角形可得：端电压有效值与各分电压有效值的关系是相量和，而不是代数和。因此，在 R-L-C 串联电路的计算中，决不能用代数相加的方法求总电压的有效值。根据相量图可得：

$$U = \sqrt{U_R^2 + (U_L - U_C)^2}$$

将 $U_R = IR$，$U_L = IX_L$，$U_C = IX_C$ 代入上式，

得
$$U = I\sqrt{R^2 + (X_L - X_C)^2} = I|Z|$$

或
$$I = \frac{U}{|Z|} \tag{2-20}$$

这就是 R-L-C 串联电路中欧姆定律的表达式：

$$|Z| = \sqrt{R^2 + (X_L - X_C)^2}$$

其中，$|Z|$叫做电路的阻抗，单位是欧姆（Ω）。

感抗和容抗统称为电抗，两者之差用 X 表示，即 $X = X_L - X_C$，单位为欧姆（Ω），故得

$$|Z| = \sqrt{R^2 + X^2} \tag{2-21}$$

将电压三角形各边同除以电流 I 可得到阻抗三角形。阻抗三角形的斜边为阻抗$|Z|$，直角边为电阻 R 和电抗 X，如图 2-13 所示。

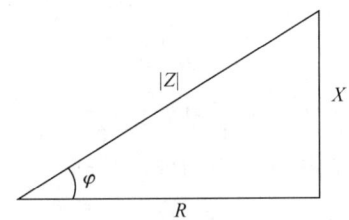

图 2-13　阻抗三角形

$|Z|$和 R 两边的夹角φ也称为阻抗角，它就是端电压和电流的相位差，即

$$\varphi = \arctan\frac{X_L - X_C}{R} = \arctan\frac{X}{R} \tag{2-22}$$

3．R-L-C 串联电路的功率

在 R-L-C 串联电路中，只有电阻是消耗功率的，电感和电容都不消耗功率，因此 R-L-C 串联电路中的有功功率，就是电阻上所消耗的功率，即

$$P = U_R I$$

由电压三角形可知，电阻两端的电压和总电压的关系为：

$$U_R = U\cos\varphi$$

所以
$$P = U_R I = UI\cos\varphi \tag{2-23}$$

式（2-23）中$\cos\varphi$称为电路的功率因数，它是衡量交流电路运行状态的重要指标之一，功率因数的大小由负载的性质决定，这将在后面专门讨论。

电感和电容虽然不消耗功率,但它们与电源之间在不停地进行着能量交换,它们的无功功率分别为:

$$Q_L = U_L I$$
$$Q_C = U_C I$$

由于电感和电容两端的电压在任何时刻都是反相的,所以 Q_L 和 Q_C 的符号相反。当磁场能量增加时,电场能量在减少;反之,当磁场能量减少时,电场能量在增加。因此,在 R-L-C 串联电路中,当感抗大于容抗(线圈中的磁场能量大于电容器中的电场能量)时,磁场能量减少所放出的能量,一部分储存在电容器的电场中,剩余部分的能量返送电源或消耗在电阻上;而当磁场能量增加所需要的能量时,一部分能量由电容器的电场能量转换而来,不足部分由电源补充。当感抗小于容抗时,情况与上述情况相似,只是此时电容器中的电场能量大于线圈中的磁场能量,有一部分能量在电容器和电源间转换。由此得到电路的无功功率为线圈和电容上的无功功率之差,

即
$$Q = Q_L - Q_C = (U_L - U_C)I$$

由电压三角形可知,$U_L - U_C = U\sin\varphi$。所以,电路中的无功功率为:

$$Q = UI\sin\varphi \tag{2-24}$$

电路中电源电压与电流的乘积,既不是有功功率,也不是无功功率,它表示电源提供总功率的能力,即交流电源的容量,称为视在功率,用符号 S 表示,

即
$$S = UI \tag{2-25}$$

视在功率的单位为伏安(V·A)或千伏安(kV·A)。当 $\cos\varphi = 1$ 时,电路消耗的功率与视在功率相等;当 $\cos\varphi \neq 1$ 时,电路消耗的功率总小于视在功率;当 $\cos\varphi = 0$,即电路的有功功率等于零时,电路与纯电感或纯电容电路相同,电路中只有能量的转换,没有能量的消耗。

例如,将图 2-12 中电压三角形的各边分别乘以电流,便可得到如图 2-14 所示的功率三角形。

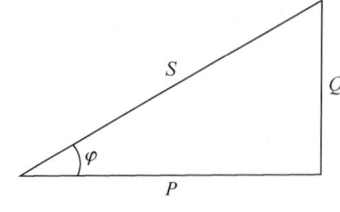

图 2-14 功率三角形

由功率三角形可得:

$$S = \sqrt{P^2 + Q^2} \tag{2-26}$$

其中 $P = UI\cos\varphi$, $Q = UI\sin\varphi$, $S = UI$

功率三角形的公式适用于任何交流电路，其中，φ 角为电路总电压和总电流的相位差。

【例 2-6】 在 R-L-C 串联电路中，已知电阻为 40Ω，电感为 223mH，电容为 80μF，电路两端的电压 $u = 311\sin 314t$ V。试求：（1）电路的阻抗；（2）电流的有效值；（3）各元件两端电压的有效值；（4）电路的有功功率、无功功率、视在功率；（5）电路的性质。

解：由 $U_m = 311$ V，$\omega = 314$ rad/s 可得：

（1）电路的感抗、容抗分别为：

$$X_L = \omega L = 314 \times 223 \times 10^{-3} \approx 70 \text{（Ω）}$$

$$X_C = \frac{1}{\omega C} = \frac{1}{314 \times 80 \times 10^{-6}} \approx 40 \text{（Ω）}$$

则电路中的阻抗为：

$$|Z| = \sqrt{R^2 + (X_L - X_C)^2} = \sqrt{40^2 + (70-40)^2} = 50 \text{（Ω）}$$

（2）电压的有效值为：

$$U = \frac{U_m}{\sqrt{2}} = \frac{311}{\sqrt{2}} \approx 220 \text{（V）}$$

则电流的有效值为：

$$I = \frac{U}{|Z|} = \frac{220}{50} = 4.4 \text{（A）}$$

（3）各元件两端电压的有效值分别为：

$$U_R = IR = 4.4 \times 40 = 176 \text{（V）}$$

$$U_L = IX_L = 4.4 \times 70 = 308 \text{（V）}$$

$$U_C = IX_C = 4.4 \times 40 = 176 \text{（V）}$$

（4）电路的有功功率、无功功率和视在功率分别为：

$$P = RI^2 = 40 \times 4.4^2 = 774.4 \text{（W）}$$

$$Q = (X_L - X_C)I^2 = (70-40) \times 4.4^2 = 580.8 \text{（var）}$$

$$S = UI = 220 \times 4.4 = 968 \text{（V·A）}$$

（5）阻抗角 φ 为：

$$\varphi = \arctan\frac{X_L - X_C}{R} = \arctan\frac{70-40}{40} = \arctan 0.75 \approx 36.9°$$

由于阻抗角 φ 大于零，电压超前电流，故电路呈电感性。

二、电感线圈和电容器的并联电路

在实际生产和生活中,大多数负载都是电感性的,即既含有 R 又含有 L,这类负载与电容器并联在实际应用中有很重要的意义。图 2-15 所示是电感线圈和电容器并联电路模型,设电容器的电阻损耗很小,可以忽略不计,可以看作一个纯电容;而线圈电阻的损耗是不可忽略的,可以看作 R 和 L 的串联电路。

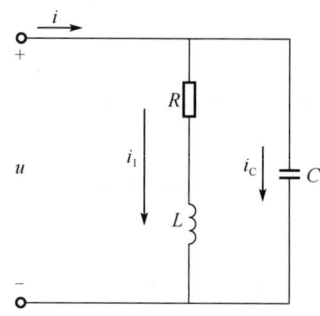

图 2-15 电感线圈和电容器并联电路模型

1. 电路中的电压和电流关系

在交流并联电路中,由于各支路的阻抗不仅会影响电流的大小,还会影响电流的相位,因此要用相量法来计算交流电路的总电流。通常的计算过程:先分别求出各支路的电流,再用相量合成法计算总电流。

电阻与电感串联支路的电流有效值为:

$$I_1 = \frac{U}{|Z|} = \frac{U}{\sqrt{R^2 + X_L^2}}$$

该支路电流 i_1 滞后于电源电压 u 的相位差为:

$$\varphi_1 = \arctan \frac{X_L}{R}$$

电容支路的电流有效值为:

$$I_C = \frac{U}{X_C} = \omega C U$$

i_C 较电源电压 u 超前 $\frac{\pi}{2}$ 角。

由于两个并联支路的端电压相等,因此电路的总电流 i 等于流过两个支路电流 i_1 和 i_C 的相量和。为了求出总电流的有效值,取端电压 $\dot{U}$ 为参考相量,画出相量图,各电流、电压的相量图如图 2-16 所示。

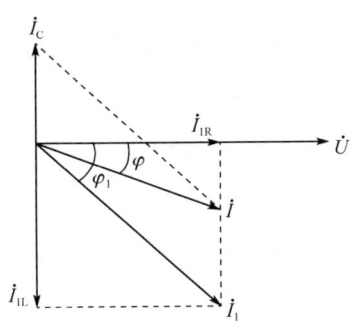

图 2-16 各电流、电压的相量图

为了计算方便,电感支路上的电流 I_1,可用两个分量和 I_{1R} 和 I_{1L} 代替,即

$$I_{1R} = I_1 \cos\phi_1$$
$$I_{1L} = I_1 \sin\phi_1$$

所以,电路上的总电流有效值是:

$$I = \sqrt{I_{1R}^2 + (I_{1L} - I_C)^2} \tag{2-27}$$

总电流和端电压的相位差是:

$$\varphi = \arctan\frac{I_{1L} - I_C}{I_{1R}} \tag{2-28}$$

由图 2-16 和式(2-28)可知。

(1)当 $I_{1L} > I_C$ 时,总电流 i 滞后于电源电压 u,$\varphi > 0$,整个并联电路相当于一个电感性负载。

(2)当 $I_{1L} < I_C$ 时,i 超前于 u,$\varphi < 0$,整个电路相当于一个电容性负载。

(3)当 $I_{1L} = I_C$ 时,i 与 u 同相位,$\varphi = 0$,整个电路相当于一个纯电阻性负载。此时,总电流的有效值最小,这种情况称为并联谐振。

由此可见,在电感性负载的两端并联适当的电容后,可以起到下述两方面的作用。

(1)使总电流 i 减小,总电流 i 比负载上的电流 I_1 还要小,这是因为 I_{1L} 与 I_C 相位相反,相互抵消。

(2)使总电流 i 与电压间的相位差 φ 小于感性负载上的电流与电压间的相位差 φ_1,这样就提高了电路的功率因数。

2. 功率

只要电源电压不变,那么感性负载的工作状态就不变,它的有功功率也就不变,即

$$P_1 = UI_1 \cos\varphi_1$$

由于电容支路的有功功率为零,因此整个电路的有功功率在并联电容前后是不变的,

即 $P = P_1 = UI_1 \cos\varphi_1$

由相量图可知 $I_1 \cos\varphi_1 = I \cos\varphi$

所以 $$P = UI_1 \cos\varphi_1 = UI \cos\varphi \tag{2-29}$$

电路的无功功率为：

$$Q = UI \sin\varphi = U(I_1 \sin\varphi_1 - I_C) = I_1^2 X_L - I_C^2 X_C = Q_L - Q_C \tag{2-30}$$

第五节　功率因数

一、提高功率因数的意义

电路有功功率与视在功率的比值称为功率因数，

即 $$\lambda = \cos\varphi = \frac{P}{S} \tag{2-31}$$

功率因数表示电源功率被利用的程度，其大小取决于所接负载的性质。在纯电阻电路中，电压与电流同相，其功率因数为1。感性负载的功率因数介于0与1。

当电路的功率因数小于1时，电路中有能量互换，存在无功功率，所以提高功率因数有很大的实际意义。

1．充分发挥电源设备的潜在能力

在电力系统中，功率因数是一个重要指标。任何供电设备由于受到温升和绝缘条件的限制，在使用时其电压和电流都必须在额定电压和额定电流范围以内，即在额定视在功率以内。对于非电阻性负载电路，电路的功率因数越小，表示电源所发出的有功功率越少，与电感或电容之间相互交换的能量就越多，由于交换的这部分能量没有被利用，因此功率因数越小，说明电源的利用率越低。为了减小电路中能量互换的规模，充分发挥电源设备的潜在能力，就必须提高功率因数。

【例2-7】一台发电机的额定电压为220V，输出的总功率为4400kV·A。

（1）若该发电机向额定工作电压为220V、有功功率为4.4kW、功率因数为0.5的用电器供电，则能使多少个这样的用电器正常工作？

（2）若把用电器的功率提高到0.8，则又能使多少个这样的用电器正常工作？

解：（1）发电机的额定工作电流为：

$$I_N = \frac{S}{U} = \frac{4400 \times 10^3}{220} = 20000 \text{ (A)}$$

当 $\lambda = \cos\varphi = 0.5$,每个用电器的电流为:

$$I = \frac{P}{U\cos\varphi} = \frac{4400}{220 \times 0.5} = 40 \text{ (A)}$$

则发电机能供给的用电器个数为:

$$\frac{I_N}{I} = \frac{20000}{40} = 500 \text{ (个)}$$

(2) 当 $\lambda' = \cos\varphi' = 0.8$ 时,每个用电器的电流为:

$$I' = \frac{P}{U\cos\varphi'} = \frac{4400}{220 \times 0.8} = 25 \text{ (A)}$$

则发电机能供给的用电器个数为:

$$\frac{I_N}{I'} = \frac{22000}{25} = 800 \text{ (个)}$$

由例 2-7 可知,当 $\lambda = 0.5$ 时,发电机发出的有功功率仅为 2200kW;当 λ 提高到 0.8 时,发电机发出的有功功率可达 3520kW,从而提高了发电机的能量利用率。

2. 减少供电线路的能量损失

当负载电压和有功功率一定时,根据 $P = UI\cos\varphi$ 可知,功率因数越低,电路中电流越大,线路中的压降和功率损耗也就越大。这样,不仅使电能白白地消耗在线路上,还使负载两端的电压降低,影响负载的正常工作。因此,提高功率因数,能减少供电线路的能量损失,降低输电成本。

【例 2-8】一座发电站以 220kV 的高压输送负载 4.4×10^5 kW 的电能,若输电线路的总电阻为 10Ω,试计算当负载的功率因数由 0.5 提高到 0.8 时,输电线路上一天可以少损失多少电能?

解:当功率因数 $\lambda_1 = 0.5$ 时,输电线路中的电流为:

$$I_1 = \frac{P}{U\cos\varphi_1} = \frac{4.4 \times 10^8}{220 \times 10^3 \times 0.5} = 4 \times 10^3 \text{ (A)}$$

当功率因数 $\lambda_2 = 0.8$ 时,输电线路中的电流为:

$$I_2 = \frac{P}{U\cos\varphi_2} = \frac{4.4 \times 10^8}{220 \times 10^3 \times 0.8} = 2.5 \times 10^3 \text{ (A)}$$

一天可以少损失的电能为:

$$\Delta W = R(I_1^2 - I_2^2)t = 10 \times \left[(4 \times 10^3)^2 - (2.5 \times 10^3)^2\right] \times 24 = 2.34 \times 10^6 \text{ (kW·h)}$$

通过以上讨论可知,提高电力系统的功率因数对国民经济发展有着极其重要的意义。功率因数的提高能使发电设备的容量得到充分利用,同时能节约大量电能。也就是说,应用同样的发电设备，提高功率因数可以提高供电能力。

二、提高功率因数的方法

那用电部门应如何提高电路的功率因数呢？有一个方法是在电感性负载两端并联一只适当容量的电容器，如图 2-17（a）所示。前面已经分析过，当没有电容器并联时，电源供给负载的电流 $\dot{I}_1$ 滞后端电压 $\dot{U}$ 一个 φ_1 角，作出相量图，如图 2-17（b）所示，这时电路的功率因数为 $\cos\varphi_1$。并联电容器后，负载中的电流仍为 $\dot{I}_1$，可电源供给的电流却不等于 $\dot{I}_1$，而是 $\dot{I}_1$ 和 $\dot{I}_C$ 的相量和 $\dot{I}$。从相量图上可以看到并联电容器后，电源供给的电流减小了，电流与电压的相位差 φ 也减小了，从而提高了电路的功率因数，即

$$\cos\varphi > \cos\varphi_1$$

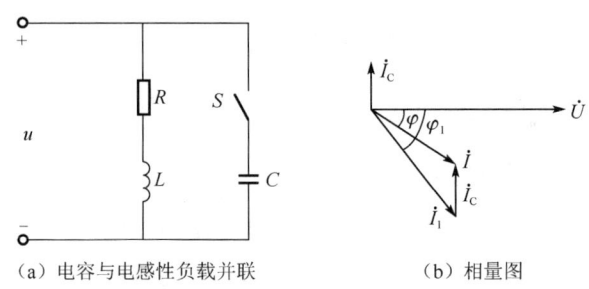

(a) 电容与电感性负载并联　　　　(b) 相量图

图 2-17　电容与电感性负载并联，提高电路的功率因数

在实际电力系统中，并不要求将功率因数提高到 1，因为这样做不仅经济效果不明显，还需要增加大量的设备投资。在实际应用中应根据具体的电路，经过技术比较，将功率因数提高到适当的数值。

【例 2-9】将一个功率为 10kW，功率因数为 0.6 的电感性负载，接到电压有效值为 220V、频率为 50Hz 的电源上，若要将功率因数提高到 0.95，试问电感性负载上需要并联多大容量的电容器？

解：从图 2-17（b）所示的相量图中，可以推导出一个计算并联电容器电容值的公式，由图可得：

$$I_C = I_1 \sin\varphi_1 - I\sin\varphi = \left(\frac{P}{U\cos\varphi_1}\right)\sin\varphi_1 - \left(\frac{P}{U\cos\varphi}\right)\sin\varphi = \frac{P}{U}(\tan\varphi_1 - \tan\varphi)$$

又因为：

$$I_C = \frac{U}{X_C} = \omega CU$$

所以，将 I_C 代入上式得：

$$\omega CU = \frac{P}{U}(\tan\varphi_1 - \tan\varphi)$$

所以并联电容器的电容值为：

$$C = \frac{P}{\omega U^2}(\tan\varphi_1 - \tan\varphi) \tag{2-32}$$

式（2-32）在计算电容值时可直接应用。

当 $\cos\varphi_1 = 0.6$ 时，$\varphi_1 = 53°$；当 $\cos\varphi = 0.95$ 时，$\varphi = 18°$。

代入式（2-32），即可求出并联电容器的电容为：

$$C = \frac{P}{2\pi f U^2}(\tan\varphi_1 - \tan\varphi) = \frac{10\times 10^3}{2\times 3.14\times 50\times 220^2}\times (\tan 53° - \tan 18°) \approx 656 \ (\mu F)$$

本章小结

（1）大小和方向随时间按正弦规律变化的电流、电压、电动势称为正弦交流电。描述交流电的物理量有周期、频率、角频率、瞬时值、最大值、有效值、相位、初相和相位差等。其中，有效值（或最大值）、频率（或周期、角频率）、初相称为正弦交流电的三要素。

交流电的有效值和最大值之间的关系为：最大值 $=\sqrt{2}$ 有效值。

角频率、频率和周期之间的关系为：$\omega = 2\pi f = \dfrac{2\pi}{T}$。

两个同频率交流电的相位之差称为相位差，相位差就等于初相之差。相位差确立了两个正弦量之间的相位关系，一般的相位关系是超前和滞后；特殊的相位关系有同相位和反相位等。

正弦交流电的表示方法：数学表达式、波形图和相量图。用旋转相量表示正弦交流电以后，几个同频率交流电的和或差的运算就可以采用相量加减的法则进行。

（2）在单一参数的交流电路中，各元件的电压、电流关系是分析交流电路的基础。

在纯电阻电路中，电压与电流同相位，电压与电流的大小关系为：$I = \dfrac{U}{R}$。

在纯电感电路中，电压在相位上比电流超前 90°。电压与电流的大小关系为：$I = \dfrac{U}{X_L}$。其中，$X_L = 2\pi f L$，称为感抗，单位为（Ω）。

在纯电容电路中，电流在相位上比电压超前 90°。电压与电流的大小关系为：

$I = \dfrac{U}{X_C}$。其中，$X_L = \dfrac{1}{2\pi fC}$，称为容抗，单位为（Ω）。

（3）在 R-L-C 串联电路中，总阻抗与电阻、电抗的关系为：$|Z| = \sqrt{R^2 + (X_L - X_C)^2}$；电压与电流的相位差 φ 取决于电路参数 R、L、C 和电源频率；电压与电流的大小关系为：$I = \dfrac{U}{|Z|}$。

在电感线圈与电容器的并联电路中，一般是先求出各支路电流，再用相量合成法计算总电流。

（4）交流电路的功率计算式为：有功功率 $P = UI\cos\varphi$，无功功率 $Q = UI\sin\varphi$，视在功率 $S = UI$。电路有功功率与视在功率的比值称为功率因数。提高功率因数，对充分发挥供电设备的能力和减少输电损耗具有重要意义。提高功率因数的方法是在电感性负载的两端并联合适的电容器。

习 题

2-1 电容器的额定电压为直流电压 1000V，问可否将电容器接在有效值为 1000V 的交流电路中使用？为什么？

2-2 照明用交流电的电压为 220V，动力供电线路的电压是 380V，它们的有效值、最大值各是多少？

2-3 一个正弦交流电的频率是 50Hz，有效值是 10A，初相是 $-\dfrac{\pi}{2}$，写出它的瞬时值表达式，并画出它的波形图。

2-4 已知交流电压 $u = 14.1\sin\left(100\pi t - \dfrac{\pi}{6}\right)$V，求：（1）交流电压的有效值；（2）当 $t = 0.1$s 时，求交流电压的瞬时值。

2-5 已知交流电压 $u_1 = 220\sqrt{2}\sin\left(100\pi t + \dfrac{\pi}{6}\right)$V，$u_2 = 380\sqrt{2}\sin\left(100\pi t - \dfrac{\pi}{3}\right)$V，求各交流电压的最大值、有效值、角频率、频率、周期、初相和它们之间的相位差，指出它们之间的超前或滞后关系，并画出它们的相量图。

2-6 如图 2-18 所示，求：（1）i_A 和 i_B 的频率 f、有效值 I_A 和 I_B，以及它们之间的相位差；（2）分别写出 i_A 和 i_B 的表达式；（3）画出它们的相量图。

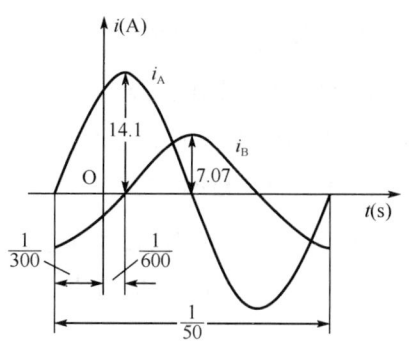

图 2-18 习题 2-6 图

2-7 一个 11Ω 的纯电阻负载，接到 $u = 311\sin(314t + 30°)$ V 的电源上，求负载中电流瞬时值的表达式和负载消耗的功率，并画出电压和电流的相量图。

2-8 一个线圈的自感系数为 0.5H，电阻可以忽略，把它接在频率为 50Hz、电压为 220V 的交流电源上，求通过线圈的电流和线圈的无功功率。若以电压作为参考相量，写出电流瞬时值的表达式，并画出电压和电流的相量图。

2-9 已知加在 2μF 电容器上的交流电压为 $u = 220\sqrt{2}\sin 314t$ V，求通过电容器的电流，写出电流瞬时值的表达式，并画出电压和电流的相量图。

2-10 在一个 R-L-C 串联电路中，已知电阻为 8Ω，感抗为 10Ω，容抗为 4Ω，电路的端电压为 220V，求电路中的总阻抗、电流、各元件两端的电压，以及电流和端电压的相位关系，并画出电压和电流的相量图。

2-11 将电阻 $R = 15Ω$，电感 $L = 0.255$ H 的线圈与 $C = 53μF$ 的电容器串联后，接入电压 $U = 220$ V、频率 $f = 50$ Hz 的交流电路中。求电路中的电流 I、有功功率 P、无功功率 Q、视在功率 S、功率因数 $\cos\varphi$，并画出电压和电流的相量图。

2-12 把电阻 $R = 3Ω$、感抗 $X_L = 4Ω$ 的线圈接在 $f = 50$ Hz、$U = 220$ V 的交流电路中，求：（1）电路中的电流 I 及元件上的电压 U_R、U_L；（2）有功功率 P、无功功率 Q_L、视在功率 S、功率因数 $\cos\varphi$ 和电感 L；（3）按比例画出相量图和阻抗三角形。

2-13 有一只具有电阻和电感的线圈，当把它接在直流电路中时，测得线圈中通过的电流是 8A，线圈两端的电压是 48V；当把它接在频率为 50Hz 的交流电路中时，测得线圈中通过的电流是 12A，线圈两端的电压有效值是 120V，求线圈的电阻和电感。

2-14 某变电所输出的电压为 220V，额定视在功率为 220kVA。若给电压为 220V、功率因数为 0.75、额定功率为 33kW 的单位供电，问能供给几个这样的单位？若把功率因数提高到 0.9，又能供给几个这样的单位？

2-15 有一台电动机，其输入功率为 1.1kW，把它接在 $f = 50$ Hz、$U = 220$ V 的交流电源上，电动机消耗的电流为 10A，求电动机的功率因数。若在电动机两端并联一只

$C = 79.5\mu F$ 的电容器，再求整个电路的功率因数。

2-16 在 $u=220V$、$f = 50\,Hz$ 的交流电路中，接入一台 $\cos\varphi = 0.65$、消耗功率 $P = 6kW$ 的电感性负载，为了把电路的功率因数提高到 0.9，需要一只电容器并联在电感性负载上，求此并联电容器的电容 C，并画出相量图。

2-17 已知某交流电路的电源电压为 $u = 100\sqrt{2}\sin\omega t$ V，电路中的电流为 $i = \sqrt{2}\sin(\omega t - 30°)$ A，求此电路的功率因数、有功功率、无功功率和视在功率。

第三章 三相交流电路

第一节 三相交流电路概述

在现代电力网中,电能的产生、输送和分配一般都采用三相制供电系统。所谓三相制供电系统,是指由三个频率相同、最大值相等、相位彼此相差 120°的正弦交流电动势供电的三相电源系统。这样的三个电动势称为三相对称电动势,三相电源所带的负载称为三相负载。三相电源、三相负载及连接、控制等环节构成了三相交流电路。上节讲过的单相交流电路一般都是三相交流电路中的一相。

采用三相制的原因,是因为它与单相制相比主要具有以下三个优点。

(1)在电能生产方面,同容量的三相发电机比单相发电机体积小、重量轻、成本低。

(2)在电能输送方面,在输送功率相同、电压相同、线路损失相等的情况下,采用三相制输电可大大节省输电线的用量,即输电成本较低。

(3)在电能应用方面,目前广泛使用的三相异步电动机是由三相电源供电的,它与单相电动机相比,具有结构简单、价格低廉、性能良好等优点。

第二节 三相交流电源

一、三相交流电动势的产生

三相交流电动势是由三相交流发电机产生的。图 3-1(a)所示是一台简单的三相交流发电机的原理示意图。三相交流发电机由定子和转子组成,转子绕组有 U_1-U_2、V_1-V_2、W_1-W_2 三个,每个绕组称为一相,各绕组的几何形状、尺寸和匝数均相同,但它们的始端(U_1、V_1、W_1)或末端(U_2、V_2、W_2)在空间位置上彼此相差 120°。

当发动机拖动转子以角速度 ω 逆时针旋转时,三相绕组切割磁力线,产生感应电动势,由于三个绕组结构相同,空间位置彼此相差 120°,因此三个电动势的最大值相等、频率相同、相位互差 120°,即三相对称电动势。各相绕组电动势的参考方向规定为由绕组的末端指向始端。若以第一相电动势 e_U 为参考正弦量,则三相电动势的瞬时值表达式为:

$$e_U = E_m \sin \omega t$$
$$e_V = E_m \sin(\omega t - 120°)$$
$$e_W = E_m \sin(\omega t + 120°)$$

三相对称电动势的相量图和波形图，如图3-1（b）、（c）所示。

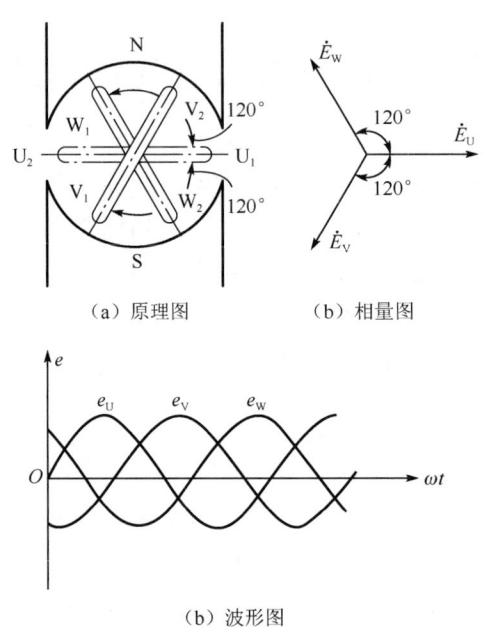

(a) 原理图　　(b) 相量图

(b) 波形图

图3-1　三相对称电动势的产生及相量图和波形图

三个电动势到达最大值（或零值）的先后顺序称为相序。上述三个电动势的相序是 U→V→W，这样的相序称为顺相序。以后章节中若没有特别说明，均指顺相序。

由相量图可知，三个电动势的相量和为零；由波形图可知，三相对称电动势在任一瞬间的代数和为零，

即
$$e_U + e_V + e_W = 0$$

二、三相电源的连接

三相发电机的每个绕组都是独立的电源，均可单独给负载供电，但这样供电需要用六根导线，体现不出三相制在电能输送方面的优越性。实际上，三相电源是按照一定的方式连接后，再向负载供电的，通常采用星形连接方式。

三相电源的星形连接如图3-2（a）所示，将发电机三相绕组的末端 U_2、V_2、W_2 连成一点，始端 U_1、V_1、W_1 分别与负载相连，这就构成了三相电源的星形连接。图3-2（a）中三个绕组末端连成的一点称为中点或零点，用字母"N"表示，从中点引出的导线称为中线或零线，一般中线与接地体相接，故又称为地线。从三个始端 U_1、V_1、W_1 分别引出

的导线称为相线，俗称火线。有时为了简化电路图，可省略发电机不画，而用图 3-2（b）所示简化的电源线路来代替图 3-2（a）。

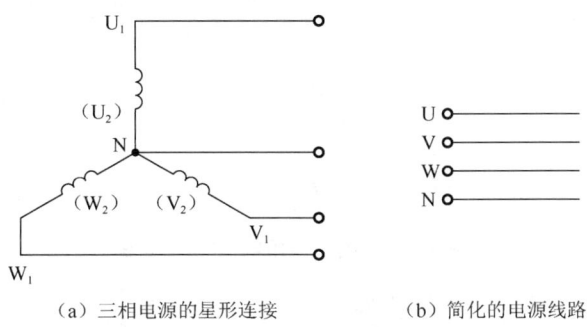

（a）三相电源的星形连接　　　　　（b）简化的电源线路

图 3-2　三相电源的星形连接

如图 3-2（b）所示，这种由三根相线和一根中线组成的供电方式称为三相四线制（通常在低压配电中使用），只由三根相线组成的供电方式称为三相三线制（在高压输电工程中使用）。

每相绕组始端与末端之间的电压（相线和中线之间的电压）称为相电压，它的有效值用 U_U、U_V、U_W 表示，通用符号用 U_P 表示。发电机三相绕组的电压降一般较小，若略去不计，则各个相电压就可以看作与该相绕组的电动势相等。所以，三个相电压相互之间的相位差也是 120°，即三个相电压也是相互对称的。规定相电压的正方向从相线指向中线。

任意两相绕组始端之间的电压（相线和相线之间的电压）称为线电压，它的有效值用 U_{UV}、U_{VW}、U_{WU} 表示，通用符号用 U_l 表示。线电压的正方向由注脚字母的先后顺序标明，如 U_{UV} 就是从 U_1 端指向 V_1 端，U_{VW} 就是从 V_1 端指向 W_1 端，U_{WU} 就是从 W_1 端指向 U_1 端。下面来分析线电压和相电压之间的关系。

根据图 3-2，由基尔霍夫电压定律可以得出线电压与相电压之间的关系式：

$$U_{UV} = U_U - U_V$$
$$U_{VW} = U_V - U_W$$
$$U_{WU} = U_W - U_U$$

由此可画出线电压和相电压的相量图，如图 3-3 所示。

从相量图中可求得线电压的大小为：

$$U_{UV} = 2U_U \cos 30° = \sqrt{3} U_U$$

同理可得：

$$U_{VW} = \sqrt{3} U_V$$
$$U_{WU} = \sqrt{3} U_W$$

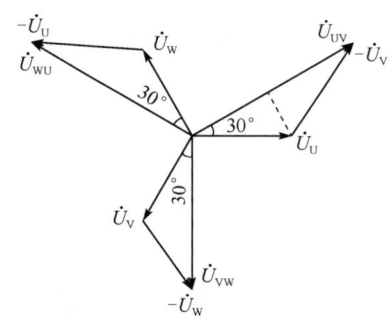

图 3-3 线电压和相电压的相量图

由于三相对称，因此一般表示式为：

$$U_l = \sqrt{3}U_P \tag{3-1}$$

从图 3-3 中还可以看出，各线电压在相位上比其所对应的相电压超前 30°。又因为相电压是对称的，所以各线电压之间的相位差也都是 120°，即线电压也是对称的。

可见，当发电机绕组做星形连接时，三个相电压和三个线电压均为三相对称电压，各线电压的有效值为相电压有效值的 $\sqrt{3}$ 倍，而且各线电压在相位上比其所对应的相电压超前 30°。

第三节　三相电源接入三相负载

使用交流电的用电器种类很多，这些用电器统称为负载，负载按照对电源的要求可分为单相负载和三相负载。单相负载是指需要单相电源供电的负载，如日光灯、电炉、电视机等；三相负载是指需要三相电源供电的负载，如三相异步电动机、大功率电炉等。在三相负载中，若每相负载的电阻相等，电抗也相等，且性质相同，则这样的负载称为三相对称负载；否则，称为三相不对称负载。

因为使用任何电气设备都要求负载所承受的电压应等于设备的额定电压，所以负载要采用一定的连接方法，来满足负载对电压的要求。在三相电路中，负载的连接方法有两种：星形连接和三角形连接。

一、三相负载的星形连接

1. 三相不对称负载的星形连接

把三相负载分别接在三相电源的一根相线和中线之间的连接方法称为三相负载的星形连接（常用"Y"标记）。图 3-4 所示为三相四线制电路，其中共有三组白炽灯，分别接在相线 U、V、W 与中线 N 之间，由于各组灯的盏数和每盏灯的额定功率不完全相等，而且也不可能保证它们同时使用，因此三相照明电路是一个三相不对称负载电路。

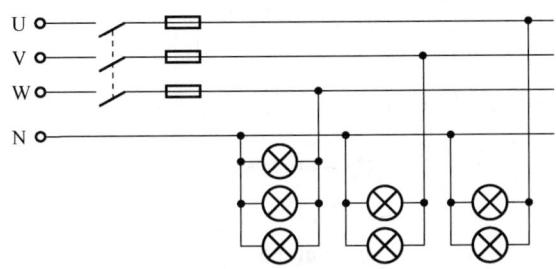

图 3-4 三相四线制电路

图 3-5 所示为三相不对称负载的星形连接线路图，其中 $|Z_u|$、$|Z_v|$、$|Z_w|$ 为各相负载的阻抗值。

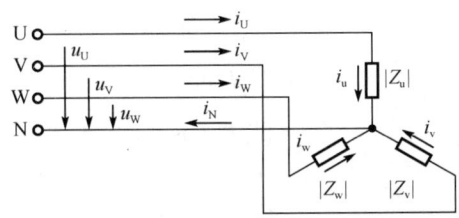

图 3-5 三相不对称负载的星形连接线路图

负载两端的电压称为负载的相电压。从图 3-5 中不难看出，若略去连接导线的电压降，则加在各相负载两端的相电压 U_u、U_v、U_w 分别等于电源的相电压 U_U、U_V、U_W，所以负载的相电压也是对称的，三相负载的线电压就是电源的线电压。负载的相电压和负载的线电压的关系仍然是 $U_{Yl} = \sqrt{3} U_{YP}$。在各相电压的作用下，便有电流分别通过各相负载、相线和中线。通过各相负载的电流称为负载的相电流，用 I_u、I_v、I_w 表示，一般用 I_P 表示，相电流的正方向与相电压的正方向一致。通过每根相线的电流称为线电流，用 I_U、I_V、I_W 表示，一般用 I_l 表示。线电流的正方向规定从电源流向负载。通过中线的电流称为中线电流，用 I_N 表示，其正方向规定为从负载中点流向电源中点 N。显然，在星形连接时，线电流等于相电流，即 $I_{Yl} = I_{YP}$。

三相电路中的每相就是一个单相电路，所以各相的阻抗、电流、功率等均可按解单相电路的方法来进行计算。

各相负载电流的大小为：

$$I_u = \frac{U_U}{|Z_u|} = \frac{U_P}{|Z_u|}$$

$$I_\mathrm{v} = \frac{U_\mathrm{V}}{|Z_\mathrm{v}|} = \frac{U_\mathrm{P}}{|Z_\mathrm{v}|}$$

$$I_\mathrm{w} = \frac{U_\mathrm{W}}{|Z_\mathrm{w}|} = \frac{U_\mathrm{P}}{|Z_\mathrm{w}|}$$

各相负载的电流与电压间的相位差可用下列公式求得，

即

$$\varphi_\mathrm{u} = \arccos \frac{R_\mathrm{u}}{|Z_\mathrm{u}|}$$

$$\varphi_\mathrm{v} = \arccos \frac{R_\mathrm{v}}{|Z_\mathrm{v}|}$$

$$\varphi_\mathrm{w} = \arccos \frac{R_\mathrm{w}}{|Z_\mathrm{w}|}$$

各相负载的有功功率分别为：

$$P_\mathrm{u} = U_\mathrm{u} I_\mathrm{u} \cos \varphi_\mathrm{u}$$

$$P_\mathrm{v} = U_\mathrm{v} I_\mathrm{v} \cos \varphi_\mathrm{v}$$

$$P_\mathrm{w} = U_\mathrm{w} I_\mathrm{w} \cos \varphi_\mathrm{w}$$

三相的总功率则为：

$$P = P_\mathrm{u} + P_\mathrm{v} + P_\mathrm{w} \tag{3-2}$$

由于中线为三相电路的公共回线，由基尔霍夫电流定律可得，因此中线电流的瞬时值应为三个相电流瞬时值的代数和，

即

$$i_\mathrm{N} = i_\mathrm{u} + i_\mathrm{v} + i_\mathrm{w}$$

由此可得中线电流的有效值为三个相电流有效值的相量和，

即

$$\dot{I}_\mathrm{N} = \dot{I}_\mathrm{u} + \dot{I}_\mathrm{v} + \dot{I}_\mathrm{w} \tag{3-3}$$

通常情况下，中线电流总是小于线电流，而且各相负载越接近对称，中线电流就会越小。因此，中线的导线截面可以比相线的小一些。

在三相不对称负载的星形连接中，中线的作用在于能使三相负载成为三个互不影响的独立回路。因此，不论负载有无变动，每相负载均能承受对称的电源相电压，从而保证各相负载正常工作。中线一旦断开，这时各相负载的电压就不再等于电源的相电压。计算和实际测量都可以证明，阻抗较小的负载所承受的电压将低于其额定电压；阻抗较大的负载所承受的电压将高于其额定电压，使负载不能正常工作，甚至会造成严重事故。所以，在三相四线制电路中规定中线不准安装熔丝和开关，有时中线还应采用刚性导线来加强机械强度，以免断开。在连接三相负载时，应尽量使其平衡，以减小中线电流。

【例 3-1】 某电阻性的三相负载做星形连接,其各相电阻 $R_u = R_v = 20\Omega$,$R_w = 10\Omega$,已知电源的线电压 $U_l = 380\text{V}$,试求相电流、线电流和中线电流。

解:每相负载所承受的相电压:

$$U_P = \frac{U_l}{\sqrt{3}} = \frac{380}{\sqrt{3}} = 220 \text{ (V)}$$

各相电流为:

$$I_u = I_v = \frac{U_P}{R_u} = \frac{220}{20} = 11 \text{ (A)}$$

$$I_w = \frac{U_P}{R_w} = \frac{220}{10} = 22 \text{ (A)}$$

因为线电流等于相电流,

所以 $I_U = I_V = 11$(A), $I_W = 22$(A)

由于各相电流与相电压同相,因此三个相电流之间的相位差互为 120°。用相量加法即可求得相电流 I_u 与 I_v 之和等于 11A,且与 I_w 的相位差为 180°,如图 3-6 所示。由此可得中线电流 $I_N = 22 - 11 = 11\text{A}$,且与 U_W 同相位。

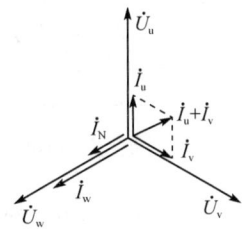

图 3-6 例 3-1 图

2. 三相对称负载的星形连接

在三相四线制电路中,若三相负载对称,则每相电流的大小及其与相电压的相位差均相同,所以各负载中的相电流是对称的。这样,对各相电路的计算可简化为对一个相电路的计算,

即

$$I_u = I_v = I_w = I_{YP} = \frac{U_{YP}}{|Z_P|}$$

$$\varphi_u = \varphi_v = \varphi_w = \varphi_P = \arccos \frac{R_P}{|Z_P|}$$

由于各相电流与各相电压的相位差相等,因此三个相电流的相位差也互为 120°,三相电流也是对称的。画出各相电流的相量图,从相量图上很容易得出三个相电流的相量和等于零的结论,如图 3-7 所示,

即
$$\dot{I}_N = \dot{I}_u + \dot{I}_v + \dot{I}_w = 0$$

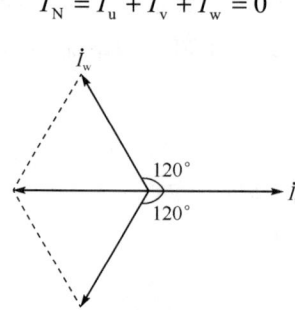

图 3-7 三相对称负载相电流的相量图

所以，当三相对称负载做星形连接时，中线电流为零。中线上没有电流流过，故可省去中线，成为星形连接的三相三线制电路，如图 3-8 所示。中线省去后，并不影响三相对称负载的工作，三个相电流便借助各相线及各相负载互为回路，各相负载的相电压仍为对称的电源相电压。

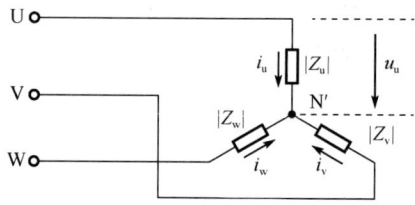

图 3-8 三相对称负载的星形连接

由于每相负载所取用的功率相等，因此电路的总功率为：
$$P = 3U_P I_P \cos\varphi_P = 3\frac{U_1}{\sqrt{3}} I_1 \cos\varphi_P$$

即
$$P = \sqrt{3} U_1 I_1 \cos\varphi_P \tag{3-4}$$

【例 3-2】三相对称负载做星形连接，每相电阻 $R_P = 9\Omega$，每相感抗 $X_P = 12\Omega$，电源线电压 $U_1 = 380\,\text{V}$，试求相电流 I_P、线电流 I_1、三相总功率 P。

解：
$$|Z_P| = \sqrt{R_P^2 + X_P^2} = \sqrt{9^2 + 12^2} = 15\,(\Omega)$$

$$U_P = \frac{U_1}{\sqrt{3}} = \frac{380}{\sqrt{3}} = 220\,(\text{V})$$

$$I_P = \frac{U_P}{|Z_P|} = \frac{220}{15} = 14.7\,(\text{A})$$

$$I_1 = I_P = 14.7\,(\text{A})$$

$$\cos\varphi_P = \frac{R_P}{|Z_P|} = \frac{9}{15} = 0.6$$

$$P = \sqrt{3}U_1I_1\cos\varphi_P = \sqrt{3}\times 380\times 14.7\times 0.6 = 5798 \text{ (W)}$$

二、三相负载的三角形连接

把三相负载分别接在三相电源的两根相线之间的连接方法称为三相负载的三角形连接（常用"Δ"标记），如图 3-9 所示。这时，不论负载是否对称，各相负载所承受的电压均为对称的电源线电压，

即

$$U_{\Delta P} = U_{\Delta l}$$

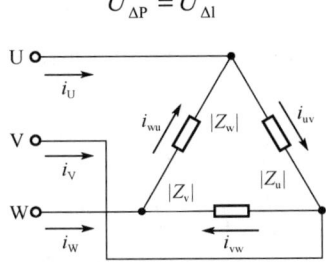

图 3-9 三相负载的三角形连接

以下仅讨论对称负载的情况。

可以看出，当三相负载做三角形连接时，相电流与线电流是不相同的。这种电路的每一相，都可以按照单相交流电路的方法来计算相电流。在三相负载对称的情况下，各相电流也是对称的，其大小为：

$$I_{uv} = I_{vw} = I_{wu} = I_{\Delta P} = \frac{U_{\Delta P}}{|Z_P|} = \frac{U_l}{|Z_P|}$$

同时，各相电流与各相电压的相位差也相同，

即

$$\varphi_u = \varphi_v = \varphi_w = \varphi_P = \arccos\frac{R_P}{|Z_P|}$$

所以，三个相电流的相位差也互为120°。各相电流的正方向由加在该相电压的正方向来确定。

根据基尔霍夫电流定律，可以求出线电流与相电流之间的关系为：

$$i_U = i_{uv} - i_{wu}$$
$$i_V = i_{vw} - i_{uv}$$
$$i_W = i_{wu} - i_{vw}$$

由此可作出线电流和相电流的相量图，如图 3-10 所示。

从相量图中可得出线电流和相电流的大小关系，

即

$$I_U = 2I_{uv}\cos 30° = \sqrt{3}I_{uv}$$

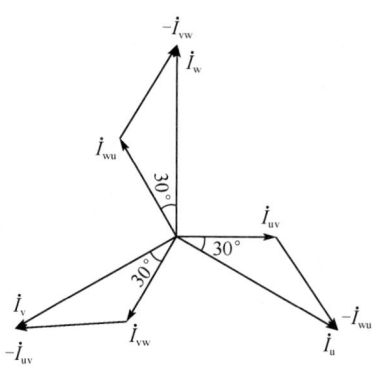

图 3-10 线电流和相电流的相量图

同理可求出:
$$I_V = \sqrt{3}I_{vw}$$
$$I_W = \sqrt{3}I_{wu}$$

可见，当三相对称负载做三角形连接时，线电流的大小为相电流的 $\sqrt{3}$ 倍，即

$$I_{\Delta l} = \sqrt{3}I_{\Delta P} \qquad (3-5)$$

从图 3-10 中还可以看出：各线电流在相位上比其所对应的相电流滞后 30°。又因为相电流是对称的，所以线电流也是对称的，即各线电流之间的相位差也都是 120°。

若三相负载对称，则同星形连接的情况一样，电路取用的总功率为：

$$P = 3U_P I_P \cos\varphi_P = 3U_l \frac{I_l}{\sqrt{3}} \cos\varphi_P$$

即
$$P = \sqrt{3}U_l I_l \cos\varphi_P$$

因此，三相对称负载无论做星形连接还是三角形连接，均可用公式 $P = \sqrt{3}U_l I_l \cos\varphi_P$ 来计算电路的总功率。

综上所述，三相负载既可以做星形连接，也可以做三角形连接。具体如何连接，应根据负载的额定电压和电源线电压的关系而定。当各相负载的额定电压等于电源线电压的 $\frac{1}{\sqrt{3}}$ 时，三相负载应做星形连接；当各相负载的额定电压等于电源的线电压时，三相负载就必须做三角形连接。之所以如此，是为了使每相负载所承受的电压正好等于其额定电压，从而保证每相负载能正常工作。例如，对于线电压为 380V 的三相电源来说，当每相负载的额定电压为 220V 时，负载应做星形连接；当每相负载的额定电压为 380V 时，则负载应做三角形连接。

【例 3-3】某三相对称负载接在线电压为 380V 的三相电源中，已知每相的电阻 $R_P = 6\Omega$，感抗 $X_P = 8\Omega$。试分别计算该负载做星形连接和三角形连接时的相电流、线电流及有功功率，并做比较。

解：（1）当负载做星形连接时：

由 $|Z_P| = \sqrt{R_P^2 + X_P^2} = \sqrt{6^2 + 8^2} = 10$ （Ω）

$$U_{YP} = \frac{U_1}{\sqrt{3}} = \frac{380}{\sqrt{3}} = 220 \text{ （V）}$$

得 $I_{YP} = I_{Yl} = \dfrac{U_{YP}}{|Z_P|} = \dfrac{220}{10} = 22$ （A）

$$\cos\varphi_P = \frac{R_P}{|Z_P|} = \frac{6}{10} = 0.6$$

$$P_Y = 3U_{YP}I_{YP}\cos\varphi_P = 3\times220\times22\times0.6 = 8.7 \text{ （kW）}$$

或 $P_Y = \sqrt{3}U_1 I_1 \cos\varphi_P = \sqrt{3}\times380\times22\times0.6 = 8.7$ （kW）

（2）当负载做三角形连接时：

由 $U_{\Delta P} = U_1 = 380$ （V）

得 $I_{\Delta P} = \dfrac{U_{\Delta P}}{|Z_P|} = \dfrac{380}{10} = 38$ （A）

$$I_{\Delta l} = \sqrt{3}I_{\Delta l} = \sqrt{3}\times38 = 66 \text{ （A）}$$

$$P_\Delta = 3U_{\Delta P}I_{\Delta P}\cos\varphi_P = 3\times380\times38\times0.6 = 26 \text{ （kW）}$$

或 $P_\Delta = \sqrt{3}U_1 I_1 \cos\phi_P = \sqrt{3}\times380\times66\times0.6 = 26$ （kW）

（3）两种连接的比较：

$$\frac{I_{\Delta P}}{I_{YP}} = \frac{38}{22} = \sqrt{3}$$

$$\frac{I_{\Delta l}}{I_{Yl}} = \frac{66}{22} = 3$$

$$\frac{P_\Delta}{P_Y} = \frac{26}{8.7} \approx 3$$

本章小结

（1）由三相电源供电的电路为三相交流电路。若三相交流电源的最大值相等、频率相同、相位互差120°，则称为三相对称电源，其线电压与相电压的关系为$U_L = \sqrt{3}U_P$。

（2）三相负载的连接方式有两种：星形连接和三角形连接。对于任何一个电气设备而言，都要求每相负载所承受的电压等于它的额定电压。所以，当各相负载的额定电压为三相电源线电压的 $\dfrac{1}{\sqrt{3}}$ 时，负载应采用星形连接；当各相负载的额定电压等于三相电源的线电压时，负载应采用三角形连接。

当三相负载对称时，不论是星形连接，还是三角形连接，负载的三相电流、电压均对称，所以仍可用计算单相电路的方法来计算各相负载的电流、电压关系，即 $I_\mathrm{P} = \dfrac{U_\mathrm{P}}{|Z|}$，$\varphi_\mathrm{P} = \arctan \dfrac{X}{R}$。

而线电压与相电压、线电流与相电流的关系为 $U_\mathrm{Yl} = \sqrt{3} U_\mathrm{YP}$，$I_\mathrm{Yl} = I_\mathrm{YP}$；$U_{\Delta\mathrm{l}} = U_{\Delta\mathrm{P}}$，$I_{\Delta\mathrm{l}} = \sqrt{3} I_{\Delta\mathrm{P}}$。

（3）当负载做星形连接时，若三相负载对称，则中线电流为零，可采用三相三线制供电；若三相负载不对称，则中线电流不为零，只能采用三相四线制供电。中线的作用在于它能使三相不对称负载获得对称的电源电压。这时要特别注意中线上不能安装熔丝和开关。同时在连接三相负载时，应尽量使其对称以减小中线电流。

（4）三相对称电路的有功功率为 $P = 3 U_\mathrm{P} I_\mathrm{P} \cos \varphi_\mathrm{P} = \sqrt{3} U_\mathrm{l} I_\mathrm{l} \cos \varphi_\mathrm{P}$。

在不对称三相电路中，要分别计算每相的功率，总功率为各相功率之和。

习　题

3-1　设三相发电机的三相绕组接成如图 3-11 所示的线路，并在 U_1、W_2 两端中间接一个交流电压表，试问此电压表的读数为多少？为什么？

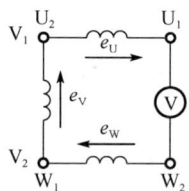

图 3-11　习题 3-1 图

3-2　一批额定电压为 220V、功率为 100W 的白炽灯接在线电压为 380V 的三相四线制电源上，设每相所接的电灯数为 $n_\mathrm{u} = 20$ 盏、$n_\mathrm{v} = 20$ 盏、$n_\mathrm{w} = 30$ 盏，试分别求出各相电流、各线电流、中线电流和总功率。

3-3　三相对称负载做星形连接，接入三相四线制对称电源，电源线电压为 380V，每相负载的电阻为 60Ω，感抗为 80Ω，试求负载的相电压、相电流、线电流和总功率。

3-4　在如图 3-12 所示的三相四线制供电线路中，已知线电压为 380V，每相负载的阻抗为 22Ω，试求：（1）负载两端的相电压、相电流和线电流；（2）当中线断开时，负载两端的相电压、相电流和线电流；（3）当中线断开且第一相短路时，负载两端的相电压和相电流。

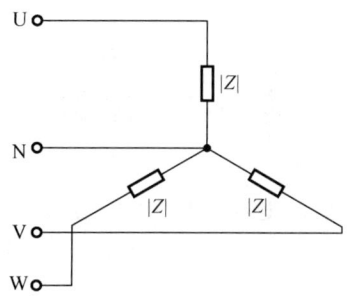

图 3-12　习题 3-4 图

3-5　一台三相电动机每相绕组的电阻为 30Ω，感抗为 40Ω，绕组连成三角形，接在线电压为 380V 的三相电源上，试求三相电动机的相电压、相电流、线电流和总功率。

3-6　三相电动机的绕组接成三角形，电源的线电压为 380V，负载的功率因数为 0.8，三相电动机消耗的功率为 10kW，试求线电流和相电流。

3-7　一台三相电动机的绕组接成星形，接在线电压为 380V 的三相电源上，负载的功率因数为 0.8，消耗的功率为 10kW，试求相电流和每相的阻抗。

第四章 磁路与变压器

第一节 磁路

磁路知识是掌握变压器原理的基础,也是学习电机、电器原理的基础,因此本节先介绍磁路知识。

一、铁磁材料及其特性

一个有电流的线圈中要产生磁场,如果在线圈中放进铁芯,那么就可以使线圈中的磁场比空心时增强几百倍甚至几千倍,这种效果对电气设备来说是非常有用的,能产生这种效果的材料——铁、钴、镍,以及它们的一些合金和氧化物,统称为铁磁材料。

铁磁材料能增强磁场是因为它们自身有很多微小的自然磁化区,称为磁畴,每个磁畴的体积约在 $10^{-9}cm^3$,各个磁畴的磁场方向,总体上是杂乱无章的,因而在宏观上不呈现磁性,磁畴磁化如图 4-1(a)所示。如果把磁畴放进通有电流的线圈,那么在通电线圈产生的磁场作用下,大部分磁畴将沿着外磁场的方向排列起来形成附加磁场,从而使线圈中的磁场显著增强,这种现象形成铁磁材料的磁场,如图 4-1(b)所示。

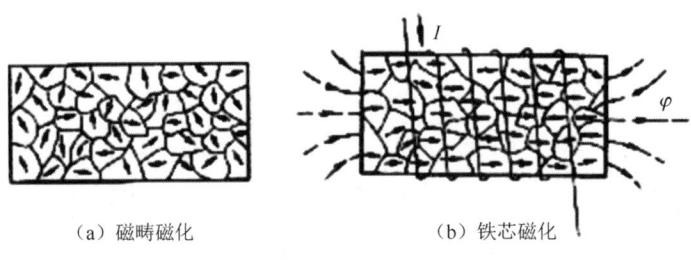

(a)磁畴磁化　　　　　　(b)铁芯磁化

图 4-1　磁畴和铁芯磁化

图 4-2 所示是流入线圈中的电流 I 与磁通 φ 的关系,假设线圈的结构、形状、匝数都确定不变,直线 1 表示线圈空心时的情况,此时 φ 随 I 成正比增加,但增加率较小;曲线 2 表示线圈中放进铁芯后的情况。曲线的 OA 段说明 φ 随 I 成正比增加,且增加率远远大于空心线圈,这是因为铁芯被磁化产生了附加磁场。但产生的附加磁场是有限度的,一旦全部磁畴的磁场都沿外磁场方向排列起来,其增强磁场的作用就达到了极限,此后即使再增大线圈中的电流 I,φ 随 I 增加的速度与空心时的速度基本相同。铁芯磁化到这种程度就称为磁饱和,曲线 2 的 B 点以后就是这种情况,这时曲线的斜率与直线 1 的相同。

当然,从未饱和到饱和是逐步过渡的,所以从 A 点到 B 点曲线有一段弯曲的部分,称为曲线的膝部。曲线 2 称为磁化曲线。

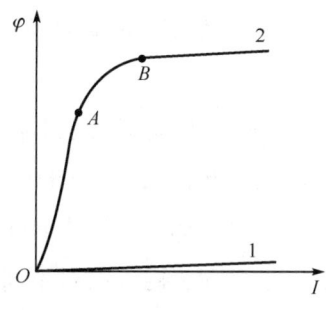

图 4-2 磁化曲线

各种电机、电器的线圈中一般都装有铁芯以获得较强的磁场。在设计时,其最大工作磁通一般都取在磁化曲线的膝部,这是为了使铁芯在未达到饱和的前提下尽量充分利用它的增磁作用。

为了尽可能增强线圈中的磁场,常将铁芯制成闭合的形状,图 4-3 所示就是电磁铁常用的闭合铁芯。

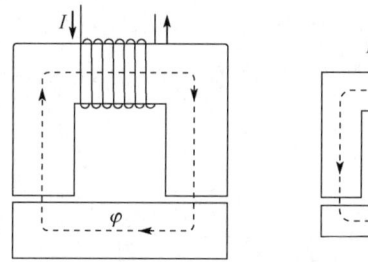 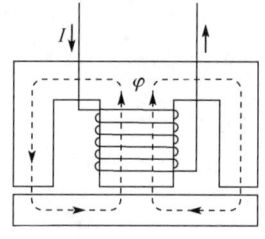

图 4-3 电磁铁常用的闭合铁芯

铁芯中的磁通称为主磁通,另外还有少量磁通通过周围空气形成回路,称为漏磁通,漏磁通与主磁通相比常可忽略不计,可以认为全部磁通都通过铁芯形成回路。这个被铁芯限定的磁通回路称为磁路。

二、铁芯的磁滞和涡流损耗

电气设备中的铁芯线圈,通交流电者居多,当铁芯中产生交变磁场时,有两种必然存在的损耗。

1. 磁滞损耗

交变电流的大小和正负方向的改变,将使铁芯磁畴磁极被反复磁化并改变极性,但磁畴的变化滞后于电流的变化（称为磁滞现象），这将损耗一定的能量，称为磁滞损耗。磁滞损耗会使铁芯发热。

对于使用交流电的设备来讲，要尽量选用磁滞现象不明显的磁性材料，称为软磁材料，如硅钢、铸钢、铁镍合金等。

如果要制作永久磁铁，那么就必须选用磁滞现象非常明显的材料，称为硬磁材料，如钨钢、锰钢、铝镍钴合金等，把硬磁材料铁芯放进线圈，通直流大电流产生磁场使其磁化到饱和，去掉通电线圈后，铁芯中较强的剩磁即成为永久磁铁。

在给定的线圈中，放进形状大小相同、磁性材料不同的铁芯，用专门仪器测出其磁滞大小进行比较，即可区分出它们各属于哪种磁性材料。

2．涡流损耗

通交流电线圈的铁芯也是导体，它相当于无数条电阻很小的闭合导线，根据电磁感应原理，它所包围的磁通在变化时要感应产生电流，类似旋涡，称为涡流，如图4-4（a）所示。

涡流将使铁芯发热并消耗能量，称为涡流损耗。为减小涡流损耗，常采用片间绝缘的叠片铁芯，这样可使涡流被限制在很小的截面上，如图4-4（b）所示。同时设法增大铁芯的电阻率以进一步减小涡流，如硅钢片中加入硅即可提高电阻率。硅钢片制成的铁芯，被广泛应用于工频交流设备。

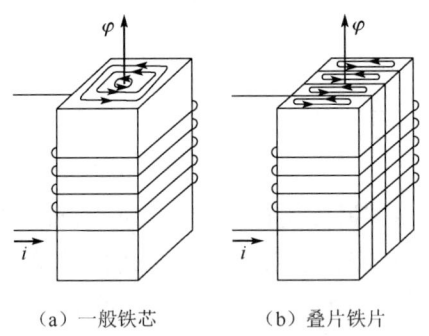

（a）一般铁芯　　　（b）叠片铁片

图4-4　铁芯中的涡流

高频交流线圈的铁芯，常用铁的氧化物制成粉状，烧结成形后称为铁氧体，因为铁氧体的电阻率很高，所以就会把涡流限制到更小的范围，可以在高频磁场中使用。

磁滞和涡流在铁芯中造成的能量损耗，在电机或电器中统称为铁耗。

涡流也可用于加热，工业上应用的感应电炉即基于涡流产生的原理，感应电炉升温速度快、杂质污染少、温度和加热深度都容易调节和控制，使用的电源有工频（50Hz），中频（50Hz～10kHz），高频（10kHz以上）几种。涡流可用于熔炼金属，加热金属容器中的物料,加热进行淬火的工件,加热电真空器件等。家用电磁炉的应用也是基于涡流损耗会产生热的原理。

三、交流铁芯线圈电路

将线圈绕在铁芯上便构成了铁芯线圈。铁芯线圈根据其励磁方式的不同又分为直流铁芯线圈和交流铁芯线圈两种。直流铁芯线圈的励磁电流是直流的,产生的磁通是恒定的,不会在线圈和铁芯中产生感应电动势,励磁电流仅由外加电压及励磁绕组的电阻决定,与磁路特性无关,其功率损耗也只包括励磁绕组电阻上的损耗,在铁芯中不会产生磁滞损耗和涡流损耗。交流铁芯线圈的励磁电流是交流的,产生的磁通是交变的,其电磁关系和损耗有其特殊规律。

1. 电磁关系

图 4-5 所示是交流铁芯线圈电路,线圈的匝数为 N_1,线圈电阻为 R。在交流铁芯线圈的两端加交流电压 u,在线圈中就产生交流励磁电流 i,在交变磁动势 iN 的作用下产生交变的磁通。绝大部分磁通通过铁芯,称为主磁通 φ,但还有很小一部分磁通从附近的空气中通过,称为漏磁通 φ_σ,这两种交变的磁通都将在线圈中产生感应电动势,即主磁电动势 e 和漏磁电动势 e_σ,它们与磁通的参考方向符合右手螺旋法则。

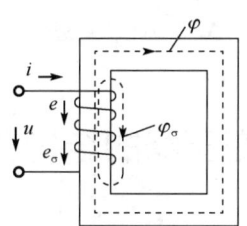

图 4-5　交流铁芯线圈电路

根据基尔霍夫电压定律可得铁芯线圈的电压平衡方程为:

$$u = iR - e - e_\sigma$$

用相量表示,则可写成:

$$\dot{U} = \dot{I}R - \dot{E} - \dot{E}_\sigma$$

由于线圈电阻上的压降 iR 和漏磁电动势 e_σ 都很小,与主磁电动势 e 相比均可忽略不计,因此上式又可写为:

$$\dot{U} = -\dot{E} \tag{4-1}$$

设主磁通 $\varphi = \varphi_m \sin\omega t$,由电磁感应定律,在规定的参考方向下可得:

$$e = -N\frac{\mathrm{d}\varphi}{\mathrm{d}t} = -N\frac{\mathrm{d}(\varphi_m \sin\omega t)}{\mathrm{d}t} = -\omega N\varphi_m \cos\omega t$$
$$= 2\pi f N\varphi_m \sin(\omega t - 90°) = E_m \sin(\omega t - 90°)$$

式中，$E_m = 2\pi f N\varphi_m$ 是主磁通电动势的最大值，其有效值为：

$$E = \frac{E_m}{\sqrt{2}} = \frac{2\pi f N\varphi_m}{\sqrt{2}} = 4.44 f N\varphi_m \tag{4-2}$$

又由式（4-1）可知电源电压的有效值为：

$$U \approx E = 4.44 f N\varphi_m \tag{4-3}$$

式中：U 的单位为伏（V），f 的单位为赫兹（Hz），φ_m 的单位为韦伯（Wb）。

可见，在忽略线圈电阻及漏磁通的条件下，当线圈匝数 N、电源电压 U 及频率 f 一定时，主磁通的最大值 φ_m 基本保持不变。这个结论对分析交流电机、电器及变压器的工作原理十分重要。

2. 功率损耗

在交流铁芯线圈电路中，除线圈电阻上有功率损耗外，铁芯中也会有功率损耗。线圈电阻上损耗的功率 I^2R 称为铜损，用 ΔP_{Cu} 表示；铁芯中损耗的功率称为铁损，用 ΔP_{Fe} 表示。铁损又包括磁滞损耗和涡流损耗两部分。所以，交流铁芯线圈工作时的总功率损耗为：

$$\Delta P = \Delta P_{Cu} + \Delta P_{Fe}$$

第二节　变压器的结构和工作原理

变压器是供电系统中的重要设备，用变压器可以很方便地将交流电的电压升高或降低，使交流电获得广泛的应用。

一、变压器的基本结构

变压器的主要功能是把某一数值的交流电压转换成同频率另一数值的交流电压。

变压器的基本结构是一个闭合铁芯上绕有两个线圈（称为绕组），绕组与绕组之间、绕组与铁芯之间都是绝缘的。图 4-6 所示是变压器的结构示意图及符号。

1. 铁芯

变压器所用的铁芯材料属于软磁材料。常用的铁芯材料有硅钢片、坡莫合金、铁氧体等。硅钢片用于工频电路，坡莫合金用于音频电路中的微弱磁场，铁氧体在高频电路中应用得很广泛,可做收音机中的磁性天线。为减小铁芯内的磁滞损耗和涡流损耗,变压器铁芯大多用 0.35～0.5mm 厚的硅钢片交错叠装而成,起导磁作用。图 4-7 所示是常见的变压器的铁芯形状。

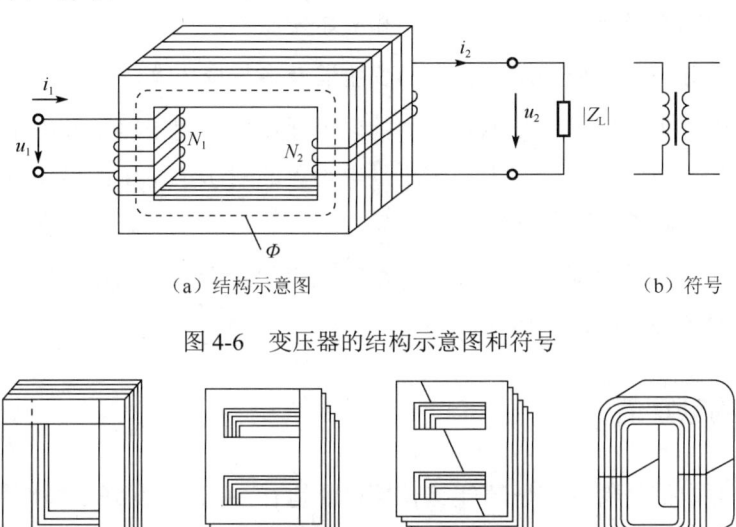

(a) 结构示意图　　　　　　　　(b) 符号

图 4-6　变压器的结构示意图和符号

(a) 口型　　(b) EI型　　(c) F型　　(d) C型

图 4-7　常见的变压器的铁芯形状

2．绕组

变压器所用的绕组通常用绝缘的铜线绕制而成,是变压器的电路部分,作用是接收和输出电能,通过电磁感应实现电压、电流的变换。每台变压器中凡接到电源端吸取电能的绕组都叫一次侧绕组(或叫初级绕组、原边绕组),输出电能端的绕组都叫二次侧绕组(或叫次级绕组、副边绕组)。有时变压器中接收电压等级较高一侧的绕组叫高压绕组,接收电压等级较低一侧的绕组叫低压绕组,一、二次侧绕组的匝数分别为 N_1 和 N_2。

按铁芯和绕组的组合结构,通常又把变压器分为芯式和壳式两种。变压器的结构形式如图 4-8 所示。

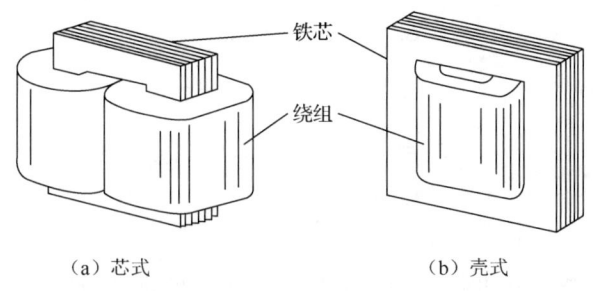

(a) 芯式　　　　　　(b) 壳式

图 4-8　变压器的结构形式

二、变压器的分类及型号

变压器的种类很多,可按电压的升降、相数、用途、冷却方式及冷却的介质进行分类。

(1) 按电压的升降分类:升压变压器和降压变压器。

(2) 按相数分类:单相变压器、三相变压器及多相变压器。

(3) 按用途分类:用于供配电系统中的电力变压器,用于测量和继电保护的变压器(电压互感器和电流互感器),产生高电压供电设备的耐压试验用的试验变压器,电炉变压器、电焊变压器和整流变压器等。

(4) 按冷却方式及冷却的介质分类:以空气冷却的干式变压器、以油冷却的油浸式变压器和以水冷却的水冷式变压器。

三、变压器的额定值

变压器的额定值是保证变压器能够长期可靠运行,并且有良好工作性能的技术限额,它是厂家设计制造和试验变压器的依据,其内容包括以下几个方面。

1. 额定电压 U_{1N}/U_{2N}

U_{1N} 和 U_{2N} 分别为一、二次侧额定电压,以有效值表示,是指变压器空载时端电压的保证值。对于三相变压器来说,U_{1N} 和 U_{2N} 均指线电压,单位为(V)。

2. 额定电流 I_{1N}/I_{2N}

I_{1N} 和 I_{2N} 分别为一、二次侧额定电流,是指变压器连续运行时,一、二次侧绕组允许通过的最大电流有效值。三相变压器的额定电流是指线电流,单位为(A)。

3. 额定容量 S_N

S_N 是变压器在额定状态下的电功率输出能力,单位为(V·A)。

单相变压器:

$$S_N = U_{1N}I_{1N} = U_{2N}I_{2N} \tag{4-4}$$

三相变压器:

$$S_N = \sqrt{3}U_{1N}I_{1N} = \sqrt{3}U_{2N}I_{2N} \tag{4-5}$$

4. 额定频率 f_N

f_N 是指变压器应接入电源的频率。我国电力系统的标准频率为50Hz。

【例4-1】某照明变压器的额定容量为500V·A,额定电压为220V/36V,求:

(1)一、二次侧的额定电流。(2)二次侧最多可接几盏"36 V、100 W"的白炽灯？

解：(1)一次侧的额定电流：

$$I_{1N} = \frac{S_N}{U_{1N}} = \frac{500}{220} = 2.27 \text{（A）}$$

二次侧的额定电流：

$$I_{2N} = \frac{S_N}{U_{2N}} = \frac{500}{36} = 13.9 \text{（A）}$$

(2)每盏白炽灯的额定电流：

$$I_N = \frac{P}{U} = \frac{100}{36} = 2.78 \text{（A）}$$

最多允许接白炽灯的盏数：

$$\frac{13.9}{2.78} = 5 \text{（盏）}$$

四、变压器的工作原理

1. 电压变换原理（变压器空载运行）

变压器的一次侧绕组接交流电源 u_1，二次侧开路，这种运行状态称为空载运行，如图 4-9 所示。

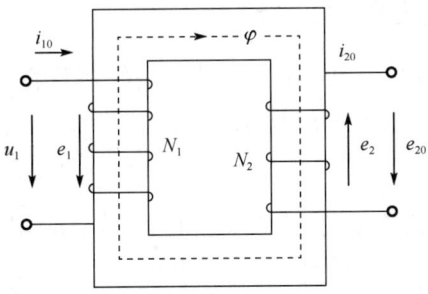

图 4-9 变压器空载运行

变压器一、二次侧绕组的匝数分别为 N_1 和 N_2。一次侧绕组接交流电压 u_1，二次侧开路，这时二次侧绕组中的电流为零，电压为开路电压 u_{20}，一次侧绕组通过的电流为空载电流（励磁电流）i_{10}。

由于二次侧开路，这时变压器的一次侧电路相当于一个交流铁芯线圈电路。其磁动势 $i_{10}N_1$ 在铁芯中产生主磁通 φ，主磁通 φ 通过闭合铁芯，在一、二次侧绕组中分别感应出电动势 e_1、e_2，根据电磁感应定律可得：

$$e_1 = -N_1 \frac{d\varphi}{dt}$$

$$e_2 = -N_2 \frac{d\varphi}{dt}$$

又由式（4-3）可知：

$$U_1 \approx E_1 = 4.44 f N_1 \varphi_m$$
$$U_2 \approx E_2 = 4.44 f N_2 \varphi_m$$

式中，f 为交流电源的频率，φ_m 为主磁通的最大值。由此可得：

$$\frac{U_1}{U_{20}} \approx \frac{E_1}{E_2} = \frac{4.44 f N_1 \varphi_m}{4.44 f N_2 \varphi_m} = \frac{N_1}{N_2} = k \tag{4-6}$$

可见当变压器空载运行时，一、二次侧绕组上电压的比值等于两者的匝数比，这个比值 k 称为变压器的变压比或变比。当一、二次侧绕组匝数不同时，变压器就可以把某一数值的交流电压变换为同频率另一数值的电压，这就是变压器的电压变换作用。当 $k>1$ 时，变压器为降压变压器；当 $k<1$ 时，变压器为升压变压器。

【例 4-2】某单相变压器接到电压 $U_1=380$ V 的电源上，已知二次侧空载电压 $U_{20}=19$ V，二次侧绕组匝数 $N_2=100$ 匝，求变压器变比 k 及 N_1。

解：
$$k = \frac{U_1}{U_{20}} = \frac{380}{19} = 20$$

$$N_1 = k \cdot N_2 = 20 \times 100 = 2000 \text{（匝）}$$

2．电流变换原理（变压器负载运行）

变压器的一次侧绕组接交流电压 u_1，二次侧绕组接负载$|Z_L|$，变压器向负载供电，这种运行状态称为负载运行，如图 4-10 所示。

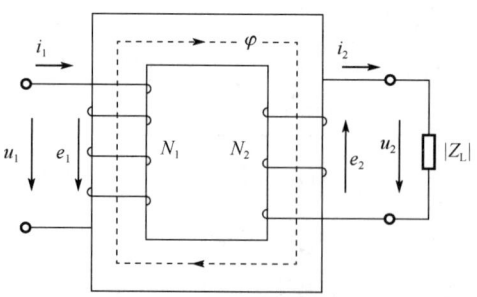

图 4-10 变压器负载运行

负载运行后一次侧电流由 i_{10} 增大到 i_1，二次侧电流为 i_2。这时 u_2 稍有下降，这是因为二次侧绕组接上负载后，一、二次侧电流 i_1、i_2 均比空载时大，一、二次侧绕组本身的内部压降也比空载时大，所以二次侧绕组电压 u_2 会比 e_2 低一些。但一般变压器内部的压降要小于额定电压的 10%，因此变压器有无负载对电压比的影响不大，可以认为负载运行时变压器一、二次侧绕组的电压比仍基本等于一、二次侧绕组的匝数比。

当变压器负载运行时，由于 i_2 形成的磁动势 i_2N_2 也会对磁路产生影响，因此这时铁芯中的主磁通 φ 是由 i_1N_1 和 i_2N_2 共同产生的。又由式 $U_1 \approx E_1 = 4.44 f N_1 \varphi_m$ 可知，当电源的电压和频率一定时，铁芯中磁通的最大值 φ_m 也保持不变，因此从空载状态到负载状态，磁动势应保持不变，

即
$$\dot{I}_1 N_1 + \dot{I}_2 N_2 = \dot{I}_{10} N_1$$

由于变压器的空载电流 $\dot{I}_{10}$ 很小，一般只有额定电流的百分之几，因此当变压器负载运行时，$\dot{I}_{10} N_1$ 可忽略不计，

于是
$$\dot{I}_1 N_1 \approx -\dot{I}_2 N_2$$

可见当变压器负载运行时，一、二次侧绕组的磁动势方向相反，即 $\dot{I}_2 N_2$ 对 $\dot{I}_1 N_1$ 有去磁作用。也就是说，当二次侧电流 I_2 增大时，使铁芯中的主磁通 φ 减小，这时一次侧电流 I_1 必然增加，以保持主磁通 φ 基本不变，所以当二次侧电流发生变化时，一次侧电流也会相应发生变化。

只考虑一、二次侧绕组的电流有效值，

可得
$$\frac{I_1}{I_2} \approx \frac{N_2}{N_1} = \frac{1}{k} \tag{4-7}$$

可见当变压器负载运行时，其一次侧绕组和二次侧绕组的电流有效值之比近似等于它们匝数比的倒数，即变比的倒数，这就是变压器的电流变换作用。

【例 4-3】已知一个单相变压器一、二次侧绕组匝数 N_1=1000，N_2=200，一次侧电流 I_1=2 A，二次侧电压 U_2=50V，负载为纯电阻，若忽略变压器的漏磁和损耗，求变压器的一次侧电压 U_1、二次侧电流 I_2 和输入功率、输出功率。

解：变压器的变比为：

$$k = \frac{N_1}{N_2} = \frac{1000}{200} = 5$$

一次侧电压为：

$$U_1 = k \cdot U_2 = 5 \times 50 = 250 \text{（V）}$$

二次侧电流为：

$$I_2 = k \cdot I_1 = 5 \times 2 = 10 \text{（A）}$$

输入功率为：

$$P_1 = U_1 I_1 = 250 \times 2 = 500 \text{（W）}$$

输出功率为：

$$P_2 = U_2 I_2 = 50 \times 10 = 500 \text{（W）}$$

由此可见，当变压器的功率损耗可忽略不计时，它的输入功率与输出功率相等，符合能量守恒定律。

3．阻抗变换原理

由以上分析可知，虽然变压器的一、二次侧绕组之间只有磁耦合关系，没有直接的电的关系，但实际上一次侧绕组的电流 I_1 会随着二次侧绕组上负载阻抗 Z_L 的大小而变化，$|Z_L|$ 减小，则 $I_2 = \dfrac{U_2}{|Z_L|}$ 增大，$I_1 = \dfrac{I_2}{k}$ 也增大。因此，从一次侧电路来看，我们可以设想它存在一个等效阻抗 Z'_L，等效阻抗 Z'_L 能反映二次侧负载阻抗 Z_L 的大小发生变化时对一次侧电流 I_1 的作用。图 4-11 所示为变压器的阻抗变换，虚线框内的电路可用另一个阻抗 Z'_L 来等效代替。所谓等效，就是指它们从电源中吸取的电流和功率相等。当忽略变压器的漏磁和损耗时，等效阻抗可由下式求得：

$$|Z'_L| = \frac{U_1}{I_1} = \frac{kU_2}{\frac{1}{k}I_2} = k^2 \frac{U_2}{I_2} = k^2 |Z_L| \tag{4-8}$$

式（4-8）说明接在变压器二次侧的负载阻抗 $|Z_L|$ 反映到变压器一次侧的等效阻抗是 $|Z'_L| = k^2 |Z_L|$，即扩大 k^2 倍，这就是变压器的阻抗变换作用。

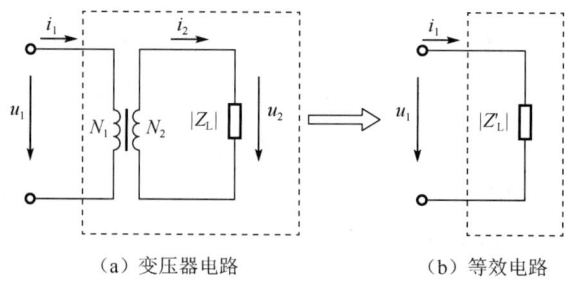

（a）变压器电路　　　　　　（b）等效电路

图 4-11　变压器的阻抗变换

变压器的阻抗变换作用常应用于电子电路。例如，收音机、扩音机中扬声器的阻抗一般为几欧或几十欧，而其功率输出级要求负载阻抗为几十欧或几百欧才能使负载获得最大输出功率，这就叫阻抗匹配。实现阻抗匹配的方法就是在电子设备功率输出级和负载之间接入一个输出变压器，适当选择变比以获得所需的阻抗。

【例 4-4】某交流信号源的电动势 $E=100$V，内阻 $R_0=500\Omega$，负载电阻 $R_L=5\Omega$，求：

（1）若负载直接接在信号源上（见图 4-12（a）），则信号源输出的功率为多少？

（2）若负载接入输出变压器（见图 4-12（b）），要使折算到一次侧的等效电阻 $R'_L = R_0 = 500\Omega$，则变压器的变比应选多少？阻抗变换后信号源的输出功率是多少？

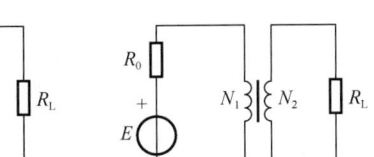

图 4-12　例 4-4 图

解：（1）若负载直接接到信号源上，则信号源的输出功率为：

$$P = I^2 \cdot R_L = \left(\frac{E}{R_0 + R_L}\right)^2 \cdot R_L = \left(\frac{100}{500+5}\right)^2 \times 5 = 0.196 \text{（W）}$$

（2）当 $R_L' = R_0 = 500Ω$ 时，输出变压器的变比为：

$$k = \sqrt{\frac{R_L'}{R_L}} = \sqrt{\frac{500}{5}} = 10$$

这时信号源的输出功率为：

$$P = I^2 R_L' = \left(\frac{E}{R_0 + R_L'}\right)^2 \cdot R_L' = \left(\frac{100}{500+500}\right)^2 \times 500 = 5 \text{（W）}$$

本章小结

（1）在电气设备中，为了用较小的励磁电流产生较强的磁场，通常把励磁线圈绕在由铁磁材料制成的铁芯上。铁芯被磁化后，其磁性大为增强，并形成磁通的主要通路，称为磁路。

（2）铁芯线圈根据电源不同，分为直流铁芯线圈和交流铁芯线圈。在直流铁芯线圈电路中，I 恒定，φ 也恒定，有铜损；在交流铁芯线圈电路中，i 交变，φ 也交变，不仅有铜损，还有铁损（包括磁滞损耗和涡流损耗）。

（3）变压器是利用电磁感应原理制成的重要电工设备，能把一次侧绕组电路的电能或信号传递给二次侧绕组电路，在各个工程领域获得了广泛的应用。变压器主要由铁芯和绕组构成，具有电压变换、电流变换和阻抗变换的作用。

（4）为了正确选择和使用变压器，必须了解和掌握其额定值。变压器的额定值主要有额定电压 U_{1N} 和 U_{2N}、额定电流 I_{1N} 和 I_{2N}、额定容量 S_N 和额定频率 f_N 等。使用变压器时必须使一次侧额定电压符合电源电压、二次侧额定电压的要求，额定容量略大于负载所需的视在功率，额定频率符合电源的频率和负载的要求。

习　　题

4-1　已知某单相变压器的一次侧绕组电压为 4000V，二次侧绕组电压为 250V，负载是一台 250V 25kW 的电阻炉，试求一、二次侧绕组的电流各为多少？

4-2　已知某收音机输出变压器的 N_1=600 匝，N_2=300 匝，原接阻抗为 20Ω 的扬声器，现改接为 5Ω 的扬声器，试求变压器的匝数 N_2 应变为多少匝？

4-3　某空载运行的单相变压器，一次侧施加额定电压为 220 V 的交流电压，若测得一次侧绕组电阻为 10Ω，试问一次电流是否等于 22A，为什么？

4-4　某额定电压为 220V／110V 的单相变压器，匝数 N_1=2000，N_2=1000。为了节省铜线，将匝数减为 N_1=20，N_2=10，是否可行？

4-5　某额定电压为 220V／110V 的单相变压器，若不慎将低压侧误接到 220V 的交流电源上，则励磁电流将会发生什么变化，为什么？

4-6　某额定容量为 50kV·A，额定电压为 4000V／200V 的变压器，其高压绕组为 5000 匝，试求：（1）低压绕组的匝数；（2）高压侧和低压侧的额定电流。

4-7　额定容量 S_N=2 kV·A 的单相变压器，一次侧绕组、二次侧绕组的额定电压分别为 220V/110V，试求一、二次侧绕组的额定电流各为多少？

4-8　某电源变压器，一次侧绕组有 550 匝，接 220V 交流电源。二次侧绕组有两个：一个电压为 36V，负载为 36W；另一个电压为 12V，负载为 24W，两个都是纯电阻负载。试求一次侧电流 I_1 和两个二次侧绕组的匝数。

4-9　在图 4-13 所示的电路中，已知信号源的电动势 E=12V，内阻 R_0=800Ω，负载电阻 R_L=10Ω，变压器的变比 k=10，试求负载上的电压 U_2。

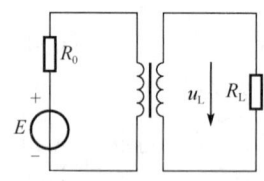

图 4-13　习题 4-9 图

4-10　某单相变压器的额定容量为 10kV·A，额定电压为 3000V／230V，其二次侧接 220V 60W 的电灯。若变压器在额定状态下运行，试求：（1）可接多少盏电灯？（2）一、二次侧绕组的电流各为多少？（3）若二次侧接的是 220V 40W，$\cos\varphi$=0.45 的日光灯，则又可以接多少盏？

4-11　某容量为 50kV·A 的单相自耦变压器，已知 U_1=220 V，N_1=450 匝，若要得

到 U_2=150 V，试求：（1）二次侧绕组应在多少匝处抽出线头？额定负载时的 I_1、I_2 各是多少？（2）一、二次侧公共部分的电流 I 与 I_1 之比为多少？

4-12 某单相降压变压器，额定电压 U_{1N}=10kV，U_{2N}=400V，供给负载的额定电流 I_{2N}=250A。试求：变压比 k、一次侧的额定电流 I_{1N} 和额定容量 S_N。

第五章　模拟电子电路

第一节　常用电子元器件

一、二极管

1. 半导体的基础知识与 PN 结

1）半导体的特点

半导体就是指导电能力介于导体和绝缘体之间的物体，如硅、锗等。一般来说，温度越高，光照越强，半导体的导体能力就越强，如果在纯净半导体（也称本征半导体）中掺入微量的某种杂质后，那么它的导电能力就可以增加几十万倍。

在硅、锗等四价元素的纯净半导体中可掺入五价的磷元素，称为 N 型半导体，在 N 型半导体中，电子是多数载流子，空穴是少数载流子；掺入三价的硼元素，称为 P 型半导体，在 P 型半导体中，空穴是多数载流子，电子是少数载流子。

2）PN 结的形成与特性

（1）PN 结的形成。

把 P 型半导体和 N 型半导体结合在一起，形成 PN 结。PN 结的形成如图 5-1 所示。由于电子和空穴的浓度不同，因此在 P 区和 N 区的交界处，空穴从 P 区向 N 区扩散，留下带负电的硼离子，电子从 N 区向 P 区扩散，留下带正电的磷离子，这称为扩散运动。扩散运动的结果是在交界附近形成空间电荷区，这种空间电荷区称为 PN 结。在空间电荷区内，P 型半导体留下带正电的磷离子，N 型半导体留下带负电的硼离子，都不参与导电，不能移动，载流子被耗尽，所以 PN 结又称为耗尽层。在耗尽层中正负电荷在交界处形成了一个内电场，内电场的增强，一方面对扩散运动的阻碍越来越大；另一方面，内电场对少数载流子有吸引和推动作用，使它们进入对方区域，形成了少数载流子在内电场作用下的运动，称为漂移运动。在开始时，扩散运动占优势，空间电荷区逐渐加宽，内电场逐渐加强，于是扩散运动减少，而漂移运动不断增加，最后达到了动态平衡，空间电荷区宽度基本不变，PN 结处于相对稳定状态。

（2）PN 结的特性——单向导电性。

如果 PN 结加上正向电压（P 区接高电位，N 区接低电位，也称正向偏置），那么外电场与内电场方向相反，空间电荷区变窄，内电场被削弱，扩散运动和漂移运动的平衡被破坏，多数载流子的扩散运动增强，形成较大的扩散电流，称为正向电流，这时 PN 结呈现的电阻很低，这称为 PN 结的正向导通。如果 PN 结加上反向电压（N 区接高电位，P 区接低电位，也称反向偏置），那么外电场与内电场方向一致，空间电荷区变宽，内电场加强，多数载流子的扩散运动难以进行，少数载流子的漂移运动增加，但由于做漂移运动的载流子数量极少，因此反向电流极小（几乎为零），而且与反向电压大小无关，称为反向饱和电流，这称为 PN 结的反向截止。

（a）扩散运动　　（b）PN结

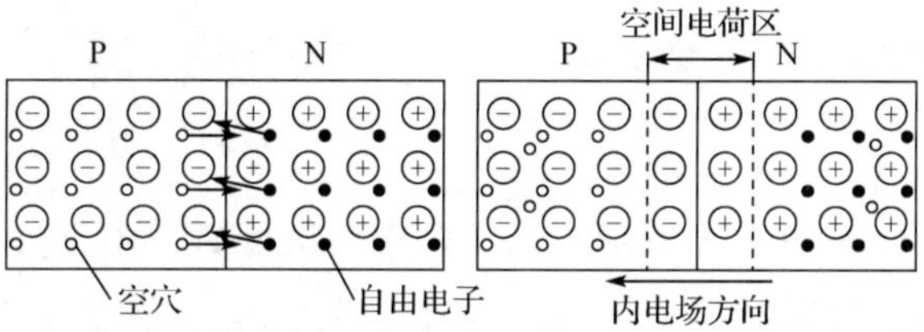

图 5-1　PN 结的形成

2．二极管的结构、类型、符号和常见外形

1）二极管的结构

给 PN 结加上电极和外壳就成为二极管，二极管的核心结构就是 PN 结。二极的内部结构如图 5-2（a）所示。二极管的主要特性是单向导电性。

2）二极管的类型

常见的二极管分类如下：按材料可分为硅二极管和锗二极管，按 PN 结面积大小可分为点接触型、面接触型和平面型，按功能可分为整流、稳压、发光、光电、检波、激光和变容二极管等。

3）二极管的符号和常见外形

二极管的电路符号如图 5-2（b）所示，箭头所指的方向为正向电流流通的方向，习惯用字母 VD 代表二极管。常见的二极管外形图如图 5-3 所示。

（a）内部结构　　（b）电路符号

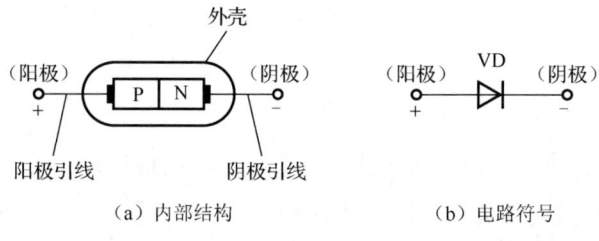

图 5-2　二极管的内部结构和电路符号

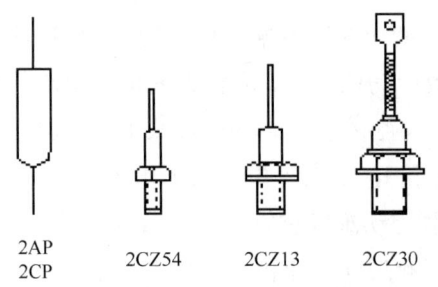

图 5-3 常见的二极管外形图

3．二极管的伏安特性及主要参数

1）伏安特性

二极管的伏安特性如图 5-4 所示。当正向电压很低时，由于外电场不能克服 PN 结电场对多数载流子的扩散运动阻力，因此电流几乎为 0，如图 5-4 所示的 0A 段；当正向电压大于 0.5V 时，电流增长得很快，这个转折点 A 点的电压称为死区电压，一般硅管的死区电压为 0.5～0.7V，锗管的为 0.2～0.3V。

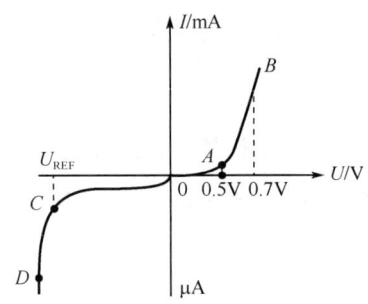

图 5-4 二极管的伏安特性

当二极管加反向电压时，由于少数载流子的漂移运动会形成很小的反向饱和电流，如图 5-4 所示的 0C 段。当外加反向电压过高时，反向电流突然增大，二极管失去单向导电性，这种现象称为击穿，如图 5-4 所示的 CD 段。二极管被击穿后，一般不能恢复原来的性能，二极管会损坏，产生击穿时加在二极管上的反向电压称为反向击穿电压，即 C 点电压 U_{REF}。

2）主要参数

（1）最大整流电流 I_{OM}（又称额定工作电流）。

最大整流电流指二极管在长期使用时，允许流过二极管的最大正向平均电流。选用时要注意实际工作电流要比 I_{OM} 小得多才安全。

（2）反向工作峰值电压 U_{RM}（又称额定工作电压）。

反向工作峰值电压是保证二极管不被击穿给出的，一般是反向击穿电压的一半

或 $\frac{2}{3}$。

（3）反向工作峰值电流 I_{RM}（又称反向漏电流）。

反向工作峰值电流指在二极管上加反向工作峰值电压时的反向电流值。一般当硅二极管超过 150℃、锗二极管超过 90℃时，会因反向电流急剧增大而造成热击穿，所以在使用时要注意温度对二极管的影响。

（4）最高工作频率 f_M。

最高工作频率是保证二极管正常工作的最高频率。二极管的 PN 结具有结电容，随着工作频率的升高结电容充放电的影响将加剧，进而影响二极管的单向导电性。一般小电流二极管的 f_M 高达几百兆赫兹，而大电流二极管的 f_M 仅有几千赫兹。

二、三极管

三极管亦称双极型晶体三极管，简称晶体管。功率不同的三极管体积和封装形式也不同，近年来生产的小、中功率三极管多采用硅酮塑料封装，大功率三极管多采用金属封装，且其外壳和散热片连成一体便于散热。常见的三极管外形如图 5-5 所示。

图 5-5　常见的三极管外形

1．三极管的结构、分类、符号

1）结构

三极管的核心是两个靠得很近的 PN 结。三极管的结构示意图如图 5-6 所示。三极管内部分为基区、发射区和集电区，分别引出基极 b、发射极 e 与集电极 c。基区与发射区之间的 PN 结为发射结，基区与集电区之间的 PN 结为集电结。由于三极管制造工艺的特殊性，因此三极管并不是两个 PN 结的简单组合，在使用时不能用两个二极管代替，也不能将发射极和集电极对调使用。

2）分类

按三个区域半导体类型的不同，三极管可分为 PNP 型和 NPN 型两类。

3）符号

三极管的符号如图 5-7 所示，习惯用字母 V 代表三极管，符号中箭头方向为发射结

（PN 结）正向导通的方向。

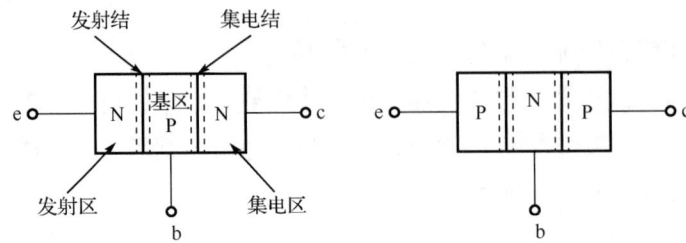

图 5-6　三极管的结构示意图

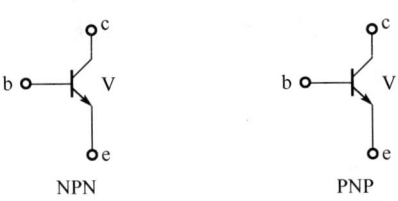

图 5-7　三极管的符号

2．三极管的电流放大作用

当三极管的基极电流有微弱变化时，会引起集电极电流较大的变化，这称为三极管的电流放大作用。

为了了解三极管的放大原理，可以先做一个简单的实验。三极管的电流放大作用实验如图 5-8 所示。将图中的三极管分为两部分，一部分为基极回路加可变电源 E_B；另一部分为集电极回路加固定电压 E_C。若改变 E_B，则基极电流 I_B、集电极电流 I_C 及发射极电流 I_E 都会发生变化。三极管的电流放大作用实验结果如表 5-1 所示。

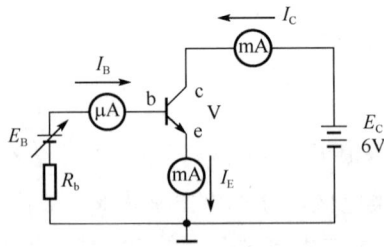

图 5-8　三极管的电流放大作用实验

表 5-1　三极管的电流放大作用实验结果

I_B/mA	0	0.02	0.04	0.06	0.08	0.10
I_C/mA	<0.0001	0.70	1.50	2.30	3.10	3.95
I_E/mA	<0.001	0.72	1.54	2.36	3.18	4.05
$\dfrac{I_C}{I_B}$	—	35	37.5	38.3	38.7	39.5

由表 5-1 中的数据可得如下两条结论。

(1) 三极管中流过三个极的电流符合基尔霍夫电流定律：

$$I_E = I_B + I_C \tag{5-1}$$

(2) I_C 与 I_E 比 I_B 大得多。I_C（输出）与 I_B（输入）的比值反映了三极管的电流放大作用，

即

$$\overline{\beta} = \frac{I_C}{I_B}, \quad \beta = \frac{\Delta I_C}{\Delta I_B} \tag{5-2}$$

式中，$\overline{\beta}$，β 表示三极管的电流放大性能。

要使三极管有电流放大作用，发射结必须正向偏置，集电结必须反向偏置。在实际应用中，判断三极管是否处在放大状态，往往就是根据这个原理进行判断的。

3. 三极管的特性曲线

在模拟电路中，三极管应用较多的是共发射极电路，三极管的输入特性曲线是指当集—射极电压 U_{CE} 为常数时，输入电压 U_{BE} 与输入电流 I_B 间的数量关系；输出特性曲线是指当基极电流 I_B 为常数时，输出电压 U_{CE} 与输出电流 I_C 间的数量关系。三极管的输入特性、输出特性统称为三极管的工作特性。三极管共发射极的特性曲线如图 5-9 所示。

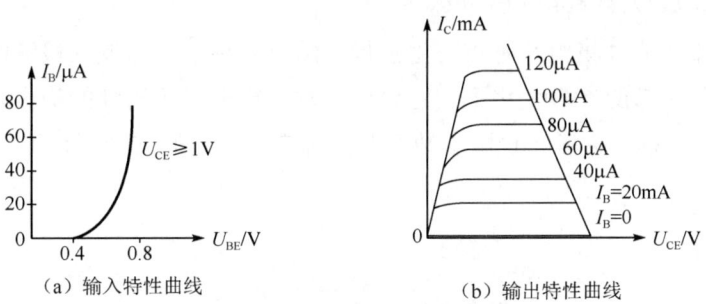

图 5-9 三极管共发射极的特性曲线

当室温下三极管发射结电压正向导通时，硅管的电压约为 0.7V，锗管的电压约为 0.2V。在实际运用时常将三极管输出特性曲线划分为三个工作区域，即截止区、放大区和饱和区。

1) 截止区

$I_B=0$ 曲线以下的区域称为截止区。当 $I_B=0$ 时，相当于基极开路或发射极反偏，集—射极之间的电阻值近似无穷，即断路，相当于开关断开。

2) 放大区

当发射结正偏、集电结反偏时，三极管处于放大状态，相当于特性曲线的放大区。

U_{CE} 大于一定值后的曲线平坦，I_C 与 U_{CE} 几乎无关，呈恒流特性，$I_C=\bar{\beta}I_B$，I_C 只受 I_B 控制，因此放大区又称为线性区。

3）饱和区

当 $U_{CE}<U_{BE}$ 时，集电结处于正向偏置状态，特性曲线左侧 I_C 近似直线上升的部分为饱和区。三极管工作在饱和区时，对应的 U_{CES} 在饱和工作状态，小功率硅管 $U_{CES}\leqslant 0.3V$，锗管 $U_{CES}\leqslant 0.1V$。三极管进入饱和状态后 $I_C=\bar{\beta}I_B$ 不再成立，集—射极之间呈低阻态，相当于开关接通。

4．三极管的极限参数

1）集电极最大允许电流 I_{CM}

当集电极电流超过一定值时，三极管的 β 值下降。当 β 值下降到正常值的 $\frac{2}{3}$ 时的集电极电流，称为集电极最大允许电流 I_{CM}。

2）集—射极反向击穿电压 $U_{(BR)CEO}$

当基极开路时，加在集电极与发射极之间的最大允许电压称为集—射极反向击穿电压 $U_{(BR)CEO}$。当三极管的 $U_{CE}>U_{(BR)CEO}$ 时，I_{CEO} 突然大幅上升，说明三极管已被击穿。

3）集电极最大允许耗散功率 P_{CM}

集电极电流在流过集电结时将产生热量，结温升高，从而使三极管的参数改变。当三极管因受热而引起的参数变化不超过允许值时，集电极所消耗的最大功率称为耗散功率。P_{CM}、I_{CM}、$U_{(BR)CEO}$ 三个极限参数可共同确定三极管的安全工作区，如图 5-10 阴影部分所示。

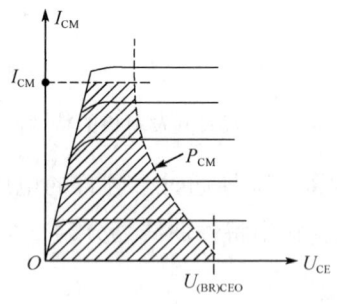

图 5-10　集电极最大允许耗散功率

三、晶闸管

1．晶闸管的结构、分类和符号

晶闸管是晶体闸流管的简称，又称可控硅，是一种以硅单晶为基本材料的四层三端器件。晶闸管在结构上可分为单向晶闸管、双向晶闸管、快速晶闸管、可关断晶闸管、逆导晶闸管和光控晶闸管等，是一种大功率的半导体器件。下面介绍单向晶闸管，图 5-11 所示是常见的单向晶闸管外形图。

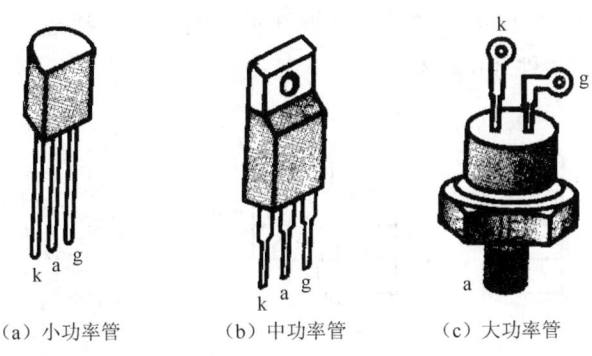

（a）小功率管　　　（b）中功率管　　　（c）大功率管

图 5-11　常见的单向晶闸管外形图

单向晶闸管的结构和符号如图 5-12 所示。单向晶闸管的内部结构有四层半导体区、三个 PN 结，外部结构有三个引脚，即阳极 A、阴极 K 和控制极 G（又称门极）。单向晶闸管导通必须具备两个条件：在阳极、阴极间加正偏压和在控制极、阴极间加正向触发电压。单向晶闸管一旦导通后门极即失去控制作用，无论门极有无电压，单向晶闸管都仍然保持导通状态。关断单向晶闸管有两种方法：一是将阳极电压降低到足够小或瞬间反向电压，二是将阳极瞬间开路。

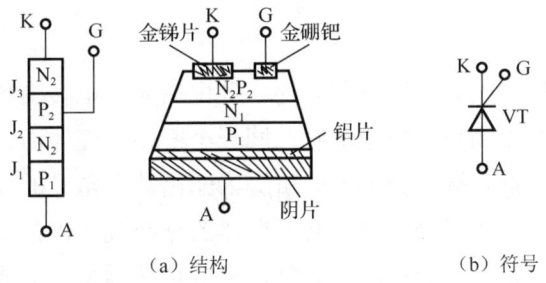

（a）结构　　　　　　　（b）符号

图 5-12　单向晶闸管的结构和符号

2．单向晶闸管的工作原理及基本特性

单向晶闸管是 $P_1N_1P_2N_2$ 四层三端结构元件，共有三个 PN 结，在分析其工作原理时，可以把它看作由一个 PNP 管和一个 NPN 管组成。单向晶闸管等效图解如图 5-13 所示。

当阳极 A 加上正向电压时，V_1 和 V_2 均处于放大状态，此时如果从控制极 G 输入一个正向触发信号，V_2 中就有基流 i_{b2} 流过，经 V_2 放大，其集电极电流 $i_{c2}=\beta_2 i_{b2}$。因为 V_2 的集电极直接与 V_1 的基极相连，所以 $i_{b1}=i_{c2}$，此时电流 i_{c2} 再经 V_1 放大，V_1 的集电极电流 $i_{c1}=\beta_1 i_{b1}=\beta_1\beta_2 i_{b2}$。$i_{c1}$ 又流回到了 V_2 的基极，形成正反馈，使 i_{b2} 不断增大，如此循环的结果使两个单向晶闸管的电流剧增，使单向晶闸管饱和导通。由于 V_1 和 V_2 所构成的正反馈作用，因此单向晶闸管一旦导通后，即使控制极 G 的电流消失了，单向晶闸管仍然能够维持导通状态，由于触发信号只起触发作用，没有关断功能，因此这种单向晶闸管是不可关断的。由于单向晶闸管只有导通和关断两种工作状态，因此它具有开关特性，这种特性需要一定的条件才能转化。

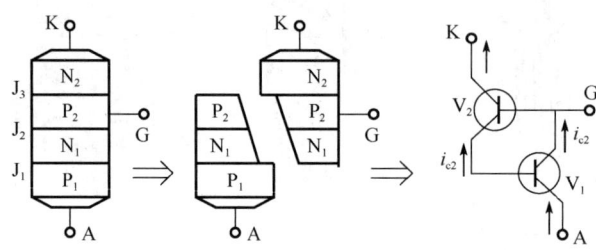

图 5-13　单向晶闸管等效图解

单向晶闸管的优点很多，如容量大、效率高、成本低、质量轻、体积小、控制灵敏等；以小功率控制大功率，功率放大倍数高达几十万倍，可实现小信号功率对大信号功率的变换和控制；在脉冲数字电路中可作为功率开关管使用；反应极快，可在微秒级内开通、关断；无触点运行，无火花、无噪声等。晶闸管的缺点是抗干扰能力和过载能力较差，工作电路较复杂。

四、光耦合器

光耦合器是以光作为媒介传输电信号的一种电—光—电转换器件，它由发光源和受光器两部分组成，把发光源和受光器组装在同一个密闭的壳体内，彼此间用透明绝缘体隔离。发光源的引脚为输入端，受光器的引脚为输出端。常见的发光源为发光二极管，受光器为光敏二极管、光敏三极管等。光耦合器的种类较多，常见的有光敏二极管型、光电三极管型、光敏电阻型、光控晶闸管型、光电达林顿型、集成电路型等，其外形有金属圆壳封装、塑封双列直插等。

在光耦合器输入端加电信号使发光源发光，光的强度取决于激励电流的大小，此光照射到封装在一起的受光器上后，因光电效应产生了光电流，光电流由受光器输出端引出，这样就实现了电—光—电的转换。

1. 光耦合器的符号（以光敏三极管为例）

光耦合器的符号如图 5-14 所示。1、2 为光耦合器的输入端，3、4 为光耦合器的输出端。

2. 光耦合器的使用

（1）在光耦合器输入端的发光二极管上提供一个偏置电流，再把信号电压通过电阻耦合到发光二极管上，这样光耦合器输出端的光电晶体管接收到的是在偏置电流上做增、减变化的光信号，其输出电流将随输入的信号电压做线性变化。

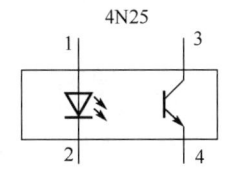

图 5-14 光耦合器的符号

（2）光耦合器也可工作在开关状态，传输脉冲信号。在传输脉冲信号时，输入信号和输出信号之间存在一定的时间延迟，不同结构的光耦合器输入和输出的延迟时间相差很大。

第二节 直流稳压电路

直流电源通常是由交流电经过整流稳压得到的。常用的直流稳压电源由电源变压器、整流电路、滤波电路和稳压电路四个部分组成。直流稳压电源的组成框图如图 5-15 所示。

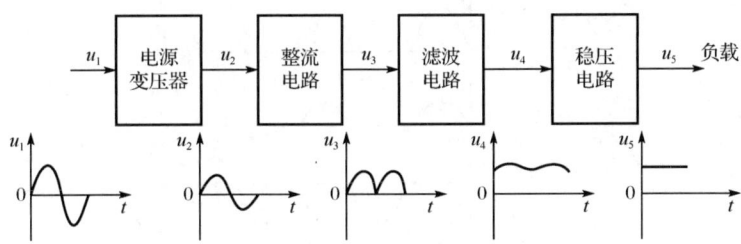

图 5-15 直流稳压电源的组成框图

一、整流电路

由于电子电路所需的直流电压值一般较低，因此在整流之前要由电源变压器把电网电压 u_1 降低到比较合适的数值 u_2，再利用二极管的单向导电性把交流电转换为直流电，从而达到整流的目的。

1. 单相半波整流电路

1）电路结构与工作原理

单相半波整流电路由电源变压器 Tr、整流二极管 VD 和负载 R_L 组成。单相半波整流电路的组成如图 5-16 所示。变压器副边电压 u_2 作为整流电路的交流输入电压。

设
$$u_2 = \sqrt{2}U_2 \sin \omega t$$

式中，U_2 为变压器二次侧电压 u_2 的有效值。

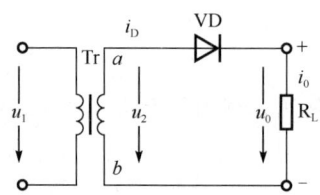

图 5-16　单相半波整流电路的组成

在 u_2 的正半周，电源 a 端为正，b 端为负，整流二极管因承受正向电压而导通，电流流通的途径为 $a \to VD \to R_L \to b$。若忽略二极管的正向管压降，则负载电压 u_0 与变压器二次侧电压 u_2 近似相等，即 $u_0 \approx u_2$。

在 u_2 的负半周，电源 b 端为正，a 端为负，整流二极管因承受反向电压而截止，电路中没有电流，此时负载电压 $u_0 = 0$。单相半波整流电路的波形如图 5-17 所示。

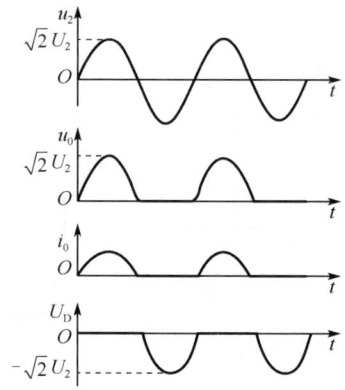

图 5-17　单相半波整流电路的波形

由于整流输出电压仅为输入交流电压的半波，因此称为半波整流。

2）电路主要参数

（1）负载电压、电流的平均值。

单相半波整流电路的负载电压（输出电压）的平均值为：

$$U_0 = \frac{\sqrt{2}}{\pi} U_2 \approx 0.45 U_2 \qquad (5\text{-}3)$$

单相半波整流电路的负载电压（输出电压）的平均值较低，仅为 $0.45 U_2$，负载电流的平均值为：

$$I_0 = \frac{U_0}{R_L} \qquad (5\text{-}4)$$

（2）整流二极管的平均整流电流 I_D。

整流二极管的平均整流电流是指流过整流二极管的正向电流的平均值，

即
$$I_D = I_0 = \frac{U_0}{R_L} \tag{5-5}$$

(3) 整流二极管的反向峰值电压 U_{RM}。

在单相半波整流电路中，整流电路所承受的最大反向电压 U_{RM} 等于变压器二次侧电压的幅值，如图 5-17 所示，

即
$$U_{RM} = \sqrt{2}U_2 = 3.14U_0 \tag{5-6}$$

单相半波整流电路结构简单，所用的整流器件少。但单相半波整流设备利用率低，输出直流电压低、脉动大，想要克服这些缺点，可采用单相桥式整流电路。

2．单相桥式整流电路

1）电路结构

单相桥式整流电路的电路图如图 5-18（a）所示，4 只整流二极管 $VD_1 \sim VD_4$ 接成电桥的形式，所以称为单相桥式整流电路。图 5-18（b）所示为单相桥式整流电路的简化电路图，其中二极管符号的箭头指向为整流电源的正极。

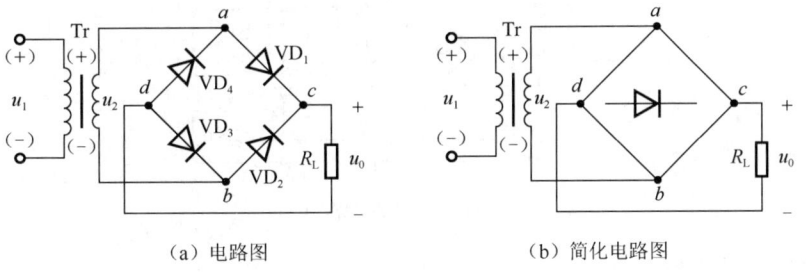

(a) 电路图　　　　　　　　　　(b) 简化电路图

图 5-18　单相桥式整流电路

2）电路主要参数

全波整流输出的直流电压为半波整流输出直流电压的两倍，有关计算公式如下。

(1) 负载电压平均值 U_0：
$$U_0 \approx 0.9U_2 \tag{5-7}$$

(2) 整流二极管的平均整流电流 I_D：
$$I_D = \frac{I_0}{2} = \frac{U_0}{2R_L} \tag{5-8}$$

(3) 整流二极管的反向峰值电压 U_{RM}：
$$U_{RM} = \sqrt{2}U_2 = 1.57U_0 \tag{5-9}$$

单相桥式整流电路输出的直流电压高、脉动小，整流二极管所承受的反向峰值电压低，变压器的利用率高，在整个周期内负载中均有电流通过。由于以上优点，因此单相

桥式整流电路的应用很广泛。

二、滤波电路

整流得到的单向脉动直流电中包含多种频率的交流成分。为了滤除或抑制交流成分以获得脉动更小的直流电，必须加滤波电路。

滤波电路一般由电容、电感等元件组成。在滤波电路中，利用电容和电感的储能特性，对脉动电压或电流进行补偿，可以降低它们的脉动程度。

1．电容滤波电路

利用电容两端电压不能突变的特点，将电容与负载并联，使负载电压平滑。电容滤波电路的电路结构简单，适用于负载电流较小，且变化不大的场合。图 5-19 所示为电容滤波电路。

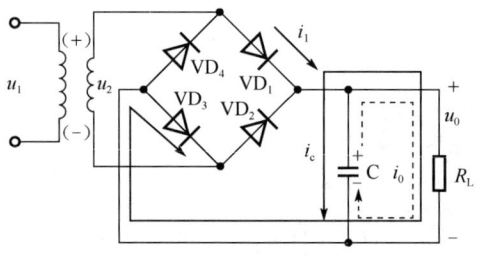

图 5-19　电容滤波电路

2．电感滤波电路

利用电感中电流不能突变的特点，将电感与负载串联，使负载电压平滑。电感滤波电路适用于负载电流变化较大的场合，其缺点是电感的铁芯体积大、笨重，也易于引起电磁干扰。电感滤波电路如图 5-20 所示。

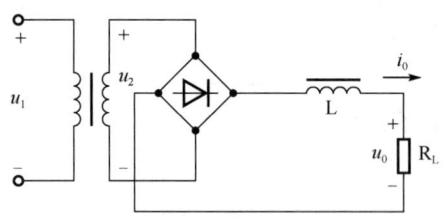

图 5-20　电感滤波电路

三、稳压电路

交流电压经过整流滤波后，电路的输出电压已是比较平滑的直流电。但电网电压的波动、负载电流的变化都会引起输出电压的变化，这在许多场合是不符合要求的，所以为了使输出的直流电压稳定，需要再加一级稳压电路。

1．硅稳压管稳压电路

图 5-21 所示为由硅稳压管 VD_Z 和限流电阻 R 组成的简单的稳压电路。

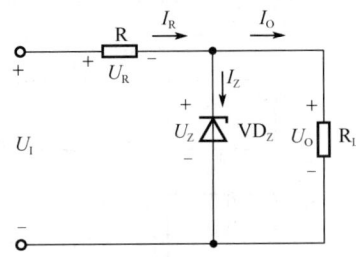

图 5-21　由硅稳压管 VD_Z 和限流电阻 R 组成的简单的稳压电路

1）电网电压波动时的情况

当电网电压升高时，整流滤波电路的输出电压，即稳压电路的输入电压 U_I 会随之升高，输出电压 $U_O(U_Z)$ 也将升高。由稳压管的特性可知，稳压管两端电压的微小增量，会引起电流 I_Z 急剧增大，于是限流电阻的电流 I_R 增大，则限流电阻 R 上的压降 U_R 增大，从而抵消了 U_O 的升高，使输出电压基本保持不变。反之，当电网电压下降时，通过稳压管与限流电阻 R 的调节作用，将使限流电阻 R 上的压降减小，以抑制输出电压的降低，从而使负载电压基本保持不变。总之，稳压电路输入电压的变化，几乎完全由限流电阻承担，即 $\Delta U_I \approx \Delta U_R$，输出电压近乎不变。

2）负载 R_L 变化时的情况

当因负载增大，即负载 R_L 减小而使负载电流 I_O 增大时，I_R 应随之增大，在限流电阻 R 上的压降 U_R 也增大。在输入电压 U_I 不变的条件下，负载电压 $U_O(U_Z)$ 势必会下降，但稳压管两端电压的略微下降，会引起电流 I_Z 急剧减小，从而使 I_R 基本不变，因此输出电压也基本保持不变。

可见在 U_I 不变的情况下，负载电流的变化是由稳压管来补偿的，即 $\Delta I_O = -\Delta I_Z$，因此输出电压基本保持不变。

硅稳压管稳压电路结构简单、设计制作方便，适用于负载电流较小的电子设备。但是硅稳压管稳压电路的输出电压不可任意调节，而且电流变化也受到稳压管稳定电流的限制。想要克服上述缺点，可以采用串联型稳压电路。

2．串联型稳压电路

串联型稳压电路方框图如图 5-22 所示。当电网电压波动使 U_I 降低或负载变动使

I_O 增加时，U_O 应随之降低，取样电压 U_B 也降低。因为基准电压 U_Z 基本不变，它与 U_B 比较放大后，使调整管 c、e 极导通增大，从而使输出电压 U_O 基本保持不变，即 $U_O = U_I \downarrow - U_{CE} \downarrow$。

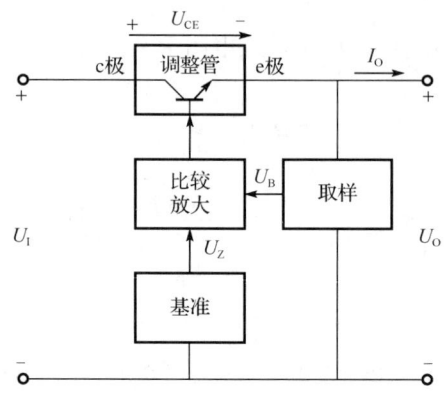

图 5-22 串联型稳压电路方框图

同理，当 U_I 升高，I_O 减小时，电路将发生相反的调节过程，使调整管 c、e 极导通减小，以维持输出电压 U_O 基本恒定。

综上所述，基准电压 U_Z 越稳定，比较放大器的电压放大倍数越大，输出电压的稳定程度就越高。

四、集成稳压电路

随着集成电路生产工艺的发展，目前已生产出各种类型的集成稳压器。由于集成稳压器具有体积小、重量轻、安装调试方便和可靠性高等一系列优点，因此得到了广泛应用。

集成稳压器的规格和种类繁多，其电路结构也不尽相同。本小节只介绍最简单、常见的三端集成稳压器，它有三个引出端子，即输入端、输出端和公共接地端。

1．W78××系列固定式三端集成正稳压器

W78××系列固定式三端集成正稳压器的外引线排列图如图 5-23 所示。

W78××系列固定式三端集成正稳压器的输出电压为正极性，故称正稳压器，其输出电压分为 5V、6V、9V、12V、15V、18V 和 24V 七个档级，后面两位数字表示输出电压值。例如，W7805 的输出电压为 5V，W7812 的输出电压为 12V。

W78××系列固定式三端集成正稳压器按输出电流的大小分为 0.1A、0.5A、1.5A、3A 和 5A 五个档级，分别用 L、M、不加标注（1.5A）、T 和 H 表示。例如，W7812 的输出电流为 1.5A，W78M12 的输出电流为 0.5A，W78T12 的输出电流则为 3A。

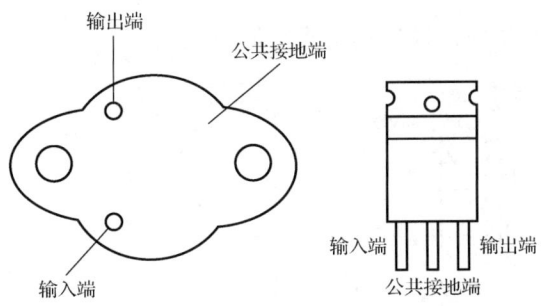

图 5-23　W78××系列固定式三端集成正稳压器的外引线排列图

W78××系列固定式三端集成正稳压器的典型应用电路如图 5-24 所示。稳压器的型号根据负载电压和电流选用，输入电压最高为 35V，电压差 $U_\mathrm{I} \sim U_\mathrm{o}$ 最小为 2～3V。输入端接电容 C_I，它的作用是在输入线较长时抵消其电感效应，以防止产生自激振荡；输出端接电容 C_O，它的作用是减小输出电压的脉动和改善负载的瞬态响应。

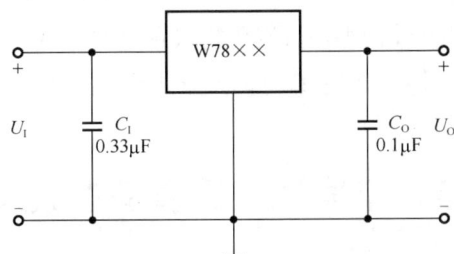

图 5-24　W78××系列固定式三端集成正稳压器的典型应用电路

2. W79××系列固定式三端集成负稳压器

W79××系列固定式三端集成负稳压器的输出电压为负极性，故称负稳压器，它的引线排列方式与 W78××系列的不同。W79××系列固定式三端集成负稳压器的外引线排列图如图 5-25 所示。

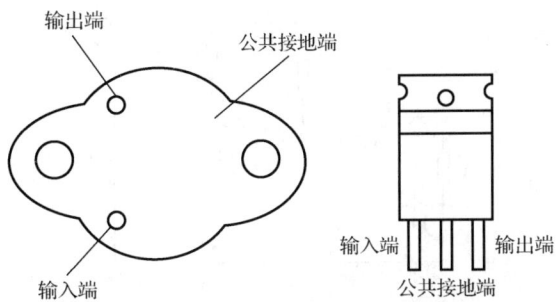

图 5-25　W79××系列固定式三端集成负稳压器的外引线排列图

图 5-26 所示是正负输出稳压器。变压器的二次侧绕组具有中心抽头，它与二极管 VD_1 和 VD_2 构成全波整流电路，由 W78×× 输出稳定的正电压；它又与 VD_3、VD_4 构成

另一个全波整流电路，由 W79×× 输出稳定的负电压。

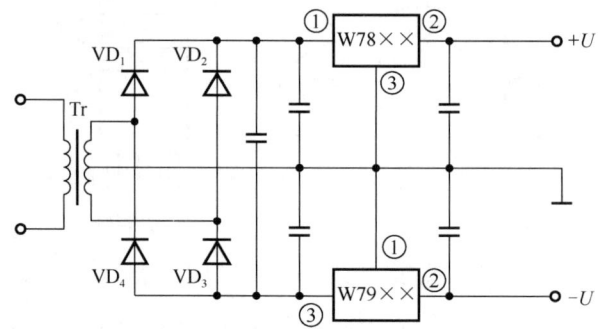

图 5-26　正负输出稳压器

3．可调式集成稳压器

可调式集成稳压器的输出电压在小范围内是可调的，有一定的灵活性，但价格较固定式贵得多，它也分正输出型和负输出型，分别可构成正电源和负电源。例如，W317 为正可调电压型，W337 为负可调电压型。想了解可调式集成稳压器的应用电路，可参阅有关资料。

第三节　半导体三极管基本放大电路

一、共射放大电路

要使三极管有电流放大作用，必须使三极管的发射结正向偏置、集电结反向偏置。在实际应用中，图 5-27 所示电路的输入信号在基极和发射极之间，输出信号在集电极和发射极之间，输入信号和输出信号共用发射极，所以这个电路称为共发射极放大电路，简称共射放大电路。

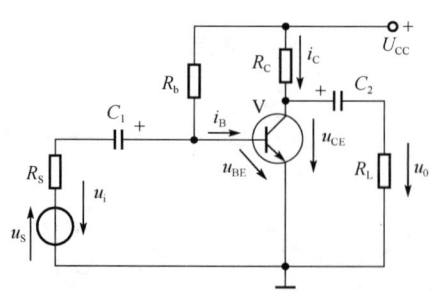

图 5-27　共射放大电路

1．共射放大电路中各元件的作用

（1）三极管 V：用以电流放大，若输入电压变化 Δu_i，则将引起基极电流变化 Δi_b，三极管把Δi_b放大β倍,在集电极电路得到集电极电流变化,即$\Delta i_c=\beta\Delta i_b$。

(2)集电极电源 U_{CC}:除为输出信号提供能量外,它还保证集电结处于反向偏置状态,以使三极管起到放大作用。U_{CC}一般为几伏至几十伏。

(3)集电极电阻 R_C:又称集电极负载电阻,其作用是将集电极电流的变化转换成电压的变化,以实现电压放大。R_C的阻值一般为几千欧至几十千欧。

(4)基极电阻 R_b:与 U_{CC} 一起使发射结处于正向偏置状态,并提供适当的基极电流,以保证放大电路有合适的工作点。R_b的阻值一般为几十千欧到几百千欧。

(5)耦合电容 C_1、C_2:隔直通交。C_1、C_2的容量一般较大,为几微法至几十微法,常采用带极性的电解电容器,使用时须注意极性的连接。

在电路图中,符号"⊥"表示接机壳或接底板,常称"接地"。必须指出,它无须真正接到大地的地电位,而只表示电路的参考零电位,是电路中各点电压的公共端点。这样,电路中各点的电位,实际上就是该点与公共端点之间的电压(电位差)。

2. 共射放大器的基本工作原理

在交流信号 u_i 的作用下可以得到如图 5-28 所示的电流信号波形,放大电路中既有直流分量又有交流分量。直流就是偏置,为放大建立条件;交流就是要放大的变化信号。

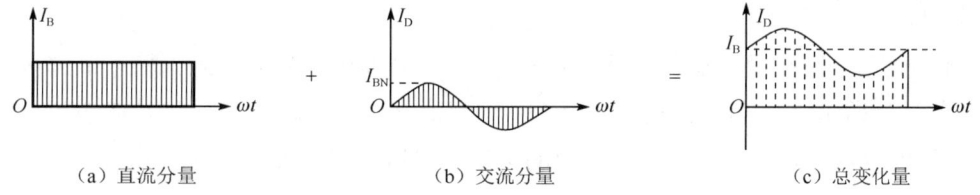

(a)直流分量　　　　(b)交流分量　　　　(c)总变化量

图 5-28　电流信号波形

为了便于弄清概念,共射放大电路中电压和电流的符号做如下规定:静态值为大写字母和大写下标,交流分量瞬时值为小写字母和小写下标,交流分量有效值为大写字母和小写下标,总电压或总电流瞬时值为小写字母和大写下标,共射放大电路中电压和电流的符号如表 5-2 所示。

表 5-2　共射放大电路中电压和电流的符号

名称	静态值	交流分量		总电压或总电流	
		瞬时值	有效值	瞬时值	平均值
基极电流	I_B	i_b	I_b	i_B	$I_{B(AV)}$
集电极电流	I_C	i_c	I_c	i_C	$I_{C(AV)}$
发射极电流	I_E	i_e	I_e	i_E	$I_{E(AV)}$
集—射极电压	U_{CE}	u_{ce}	U_{ce}	u_{CE}	$U_{CE(AV)}$
基—射极电压	U_{BE}	u_{be}	U_{be}	u_{BE}	$U_{BE(AV)}$

3．共射放大器的直流通路和静态工作点

1）直流通路

共射放大电路中通常存在电抗元件，如图5-29（a）所示的C_1和C_2，因此电路的直流通路和交流通路往往是不同的（直流通路是放大电路中直流信号通过的路径，而交流通路则是交流信号通过的路径）。

由于电容器具有隔离直流的作用，因此在画直流通路时，电容C_1、C_2相当于开路，图5-29（b）所示是共射放大电路的直流通路。

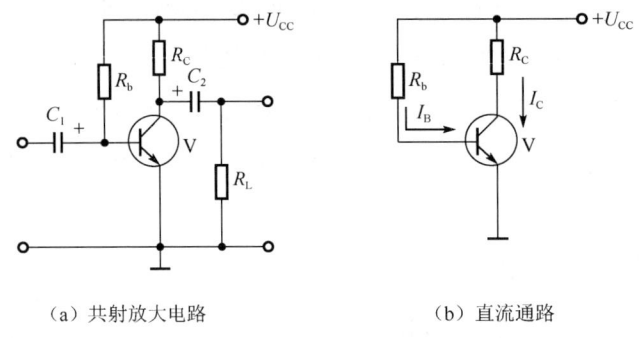

（a）共射放大电路　　　　　（b）直流通路

图5-29　共射放大电路及其直流通路

2）静态工作点

共射放大电路在没有输入信号（$u_i=0$）时的工作状态，称为静态。静态工作情况如图5-30（a）所示。静态时的I_B、I_C和U_{CE}这组值就称为静态工作点，用Q表示，它代表三极管的直流工作状态，Q点所对应的电流、电压分别为I_{BQ}、I_{CQ}和U_{CEQ}。

由于静态时电路中的电流和电压都是直流量，所以分析时只需要画出直流通路即可。静态工作点如图5-30（b）所示。

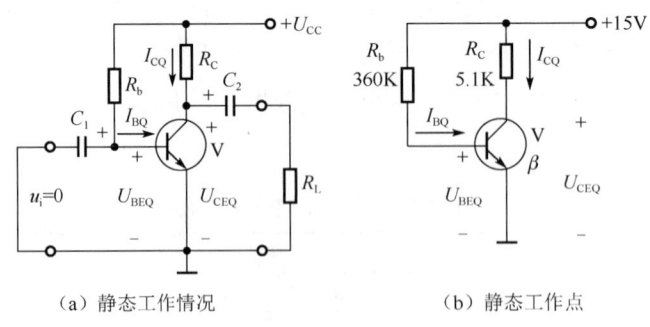

（a）静态工作情况　　　　　（b）静态工作点

图5-30　静态工作点

根据基尔霍夫定律得：

$$I_{BQ} = \frac{U_{CC} - U_{BEQ}}{R_b} \approx \frac{U_{CC}}{R_b} \quad (5\text{-}10)$$

$$U_{CEQ} = U_{CC} - I_{CQ}R_C \quad (5\text{-}11)$$

三极管的电流放大作用：

$$I_{CQ} = \beta I_{BQ} \quad (5\text{-}12)$$

4．放大器交流通路和交流参数

1）交流通路

对于频率不是太低的交流信号来说，耦合电容的容抗很小，一般可将它看作交流短路。因为直流电源 U_{CC} 两端无交流电压（电源内阻一般很小，其产生的交流压降可以忽略不计），所以对于交流信号来说，直流电压源可以认为是短路的。于是，共射放大电路的交流通路如图 5-31 所示。

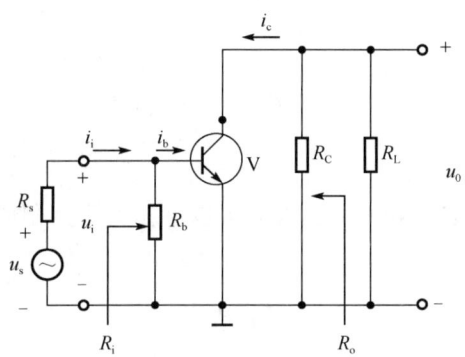

图 5-31　共射放大电路的交流通路

2）交流参数的估算

用基尔霍夫定律可估算出交流分量 i_b、i_c 和 u_0，

即

$$i_b = \frac{u_{be}}{r_{be}} = \frac{u_i}{r_{be}}$$

$$i_c = \beta\, i_b$$

$$u_0 = u_{ce} = -i_c R'_L$$

其中，三极管输入电阻 r_{be} 可用经验公式估算为：

$$r_{be} = 300 + (1+\beta)\frac{26(\text{mV})}{I_{EQ}(\text{mA})} \;(\Omega) \quad (5\text{-}13)$$

$$R'_L = R_C \| R_L$$

（1）放大器的输入电阻 R_i。

从放大器的输入端向右看进去的等效电阻，如图 5-31 所示。如果把一个内阻为 R_s 的信号源 u_s 加到放大器的输入端，放大器就相当于信号源的一个负载电阻，这个负载电阻也就是放大器的输入电阻 R_i。此时放大器向信号源吸取电流 i_i，而放大器输入端电压为 u_i，

所以
$$R_i = \frac{u_i}{i_i}$$

R_i 越大意味着从信号源中分得的电压越大，可使放大器的输入端电压 u_i 比较准确地反映信号源的电压 u_s。因此要设法提高放大器的输入电阻 R_i，尤其当信号源内阻较高时更应如此。例如，测量仪器用的前置放大器输入电阻越高，其测量精度就越高。

由图 5-31 得：
$$R_i = R_b \| r_{be} \tag{5-14}$$

通常 $R_b \gg r_{be}$，

因此
$$R_i \approx r_{be} \tag{5-15}$$

（2）放大器的输出电阻 R_o。

从放大器的输出端往左看，整个放大器可以看作一个内阻为 R_o 的信号源，R_o 就是放大器的输出电阻。

故
$$R_o = R_C \tag{5-16}$$

（3）电压的放大倍数 A_u。

A_u 为放大器输出电压 u_o 与输入电压 u_i 之比，

即
$$A_u = \frac{u_s}{u_i}$$

由图 5-31 得：
$$A_u = \frac{-i_c R_L'}{i_b r_{be}} = -\frac{\beta R_L'}{r_{be}} \tag{5-17}$$

A_u 为负值，表示输出电压与输入电压的相位相反。

当不接负载 R_L 时，

因此
$$A_u = -\frac{\beta R_C}{r_{be}} \tag{5-18}$$

由于 $R_L' = R_C \| R_L$，其值比 R_C 小，因此不接负载时 A_u 较大，接上负载 R_L 后 A_u 减小。

【例 5-1】如图 5-30（a）所示的共射放大电路，已知 $R_b = 360\text{k}\Omega$，$R_C = 5.1\text{k}\Omega$，$U_{CC} =$

15V，三极管的 β =40，试求：（1）放大电路的静态工作点；（2）输入电阻、输出电阻；（3）当不接负载 R_L 时，电压的放大倍数；（4）当负载 R_L =2kΩ 时，电压的放大倍数。

解：（1）放大电路的静态工作点：

$$I_{BQ} = \frac{U_{CC} - U_{BEQ}}{R_b} \approx \frac{U_{CC}}{R_b} = \frac{15}{360} = 0.042（mA）= 42（\mu A）$$

$$I_{CQ} = \beta I_{BQ} = 40 \times 0.042 = 1.68（mA）$$

$$U_{CEQ} = U_{CC} - I_{CQ}R_C = 15 - 1.68 \times 5.1 = 6.43（V）$$

（2）

先求 r_{be}

$$I_{EQ} \approx I_{CQ} = 1.68（mA）$$

$$r_{be} = 300 + (1+\beta)\frac{26(mV)}{I_{EQ}(mA)} = 300 + (1+40) \times \frac{26}{1.68} = 935（\Omega）$$

输入电阻 $\qquad R_i \approx r_{be} = 935（\Omega）$

输出电阻 $\qquad R_0 = R_C = 5.1（k\Omega）$

（3）当不接负载 R_L 时，电压放大倍数：

$$A_u = -\frac{\beta R_C}{r_{be}} = -\frac{40 \times 5.1 \times 10^3}{935} = -218 \text{（负号表示输出与输入信号反相）}$$

（4）当接负载 R_L =2kΩ 时，电压放大倍数：

$$R'_L = \frac{R_L \times R_C}{R_L + R_C} = \frac{2 \times 5.1}{2 + 5.1} = 1.44（k\Omega）$$

$$A_u = \frac{-i_C R'_L}{i_b r_{be}} = -\frac{\beta R'_L}{r_{be}} = -\frac{40 \times 1.44 \times 10^3}{934} = -61.7$$

二、共集放大电路

在交流通路中，输入信号加在基极和集电极之间，输出信号加在发射极和集电极之间，输入信号和输出信号共用集电极的电路称为共集电极放大电路，简称共集放大电路，又称射极输出器。

1．电路组成

共集放大电路如图 5-32（a）所示，从它的交流通路如图 5-32（c）所示中可以看到，它从基极输入信号，从发射极输出信号，集电极是输入回路与输出回路的公共接地端。

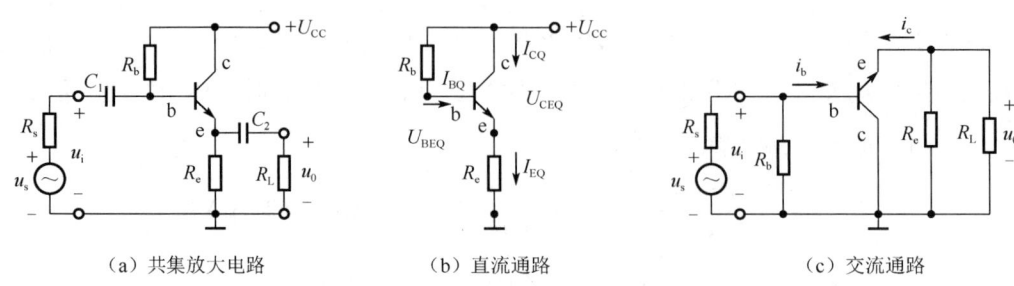

(a) 共集放大电路　　　　(b) 直流通路　　　　(c) 交流通路

图 5-32　共集放大电路及其通路

2．共集放大电路的特点和分析

1) 静态工作点稳定

由图 5-32（b）的直流通路可列出：

$$U_{CC} = I_{BQ}R_b + U_{BEQ} + I_{EQ}R_e$$

可得

$$I_{CQ} \approx I_{EQ} = \frac{U_{CC} - U_{BEQ}}{R_e + \frac{R_b}{1+\beta}}$$

而 $U_{CEQ} \approx U_{CC} - I_{CQ}R_e$

共集放大电路中的电阻 R_e 具有稳定静态工作点的负反馈作用，如当温度升高时，由于 I_{CQ} 增大，使压降 $U_{Re}=U_{EQ}$ 上升，可导致 U_{BEQ} 下降，I_{BQ} 下降，因此使 I_{CQ} 上升。

（2）电压放大倍数恒小于 1（近似为 1）。

由图 5-32（a）可直接看出：

$$u_s = u_i - u_{be}$$

上式说明，u_0 总是小于 u_i。

由图 5-32（c）所示的交流通路列出 u_s 和 u_i 的表达式，可得 A_u：

$$u_s = (1+\beta)i_b \cdot R_L'$$

$$R_L' = R_e \| R_L$$

$$u_i = i_b\left[r_{be} + (1+\beta)R_L'\right]$$

$$A_u = \frac{u_s}{u_i} = \frac{(1+\beta)R_L'}{r_{be} + (1+\beta)R_L'} < 1$$

一般 $(1+\beta)R_L' \gg r_{be}$，故 A_u 略小于 1（接近于 1），正因为输出电压接近输入电压，两者的相位又相同，所以共集放大电路又可称为射极输出器。

应当指出，尽管共集放大电路的电压放大倍数略小于 1，但射极电流 i_e 是基极电流 i_b 的 $(1+\beta)$ 倍，所以仍可将输入电流加以放大，也就是说，它具有一定的电流放大和功率放大作用。

3）输入电阻高，输出电阻低

可以证明，共集放大电路的输入电阻高，可达几十千欧到几百千欧；输出电阻低，一般为几十欧，所以共集放大电路具有较强的带负载能力。

第四节　负反馈放大电路

一、负反馈的基本概念

1．反馈的基本概念

在放大电路中，信号从输入端进入放大电路，经放大后从输出端输出，信号为正向传输。若将输出信号（电压或电流）的一部分或全部送回放大电路的输入端参与控制，则这种反向传输信号的过程称为反馈。图 5-33 所示为反馈放大器方框图，无反馈放大器也称为开环放大器，反馈放大器也称为闭环放大器。

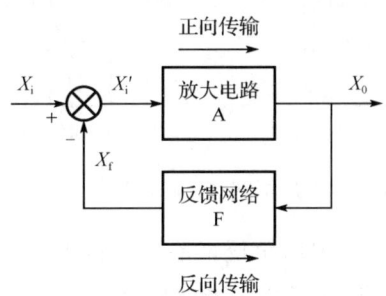

图 5-33　反馈放大器方框图

2．反馈的分类

1）正反馈和负反馈

与开环相比，如果引入反馈使净输入量增加，那么就称为正反馈；如果引入反馈使净输入量减小，那么就称为负反馈。判断正、负反馈可采用"瞬时极性法"。首先将反馈支路在与输入端连接处断开，假定输入"+"信号（电位升高），然后沿信号通路，看输出极性，并由此判断净输入量是增加还是减小，净输入量增加是正反馈，净输入量减小则是负反馈。

2）直流反馈和交流反馈

如果反馈信号中只有直流成分，即反馈元件只能反映直流量的变化，那么这种反馈称为直流反馈；如果反馈信号中只有交流成分，即反馈元件只能反映交流量的变化，那么这种反馈称为交流反馈。应当说明，在有些情况下，反馈信号中既有直流成分，又有交流成分，这种反馈则称为交直流反馈。

交流反馈和直流反馈的判别：交流反馈与直流反馈分别反映了交流量与直流量的变化。因此，可以通过观察放大电路中反馈元件出现在哪种电流通路中来判别，若该元件出现在交流通路中，则起交流反馈作用；若出现在直流通路中，则起直流反馈作用。

3）电压反馈和电流反馈

反馈网络在输出端的连接方式如图 5-34 所示，A 为放大器，F 为反馈网络，反馈从输出端的取样信号可以是输出电压，也可以是输出电流。

电压反馈如图 5-34（a）所示，反馈对输出电压取样，反馈信号与输出电压成正比，称为电压反馈。

电流反馈如图 5-34（b）所示，反馈对输出电流取样，反馈信号与输出电流成正比，称为电流反馈。

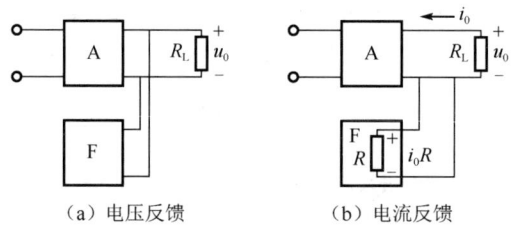

（a）电压反馈　　　　（b）电流反馈

图 5-34　反馈网络在输出端的连接方式

负反馈能稳定被取样的量，电压负反馈能稳定输出电压，电流负反馈能稳定输出电流。电压反馈和电流反馈的判别可采用负载短路法：假设将 R_L 短接，则 u_0 变为 0，此时如果反馈量也因此变为 0（反馈消失），那么就是电压反馈；如果反馈依然存在，那么就是电流反馈。

4）串联反馈和并联反馈

输入端的反馈信号与输入信号串联连接，叫串联反馈，串联反馈以电压比较的方式来反映反馈对输入信号的影响。输入端的反馈信号与输入信号并联连接，叫并联反馈，并联反馈以电流比较的方式来反映反馈对输入信号的影响。

反馈网络在输入端的连接方式如图 5-35 所示，$u_i' = u_i - u_f$，其中 u_i' 和 u_i 是串联关系，称为串联反馈，如图 5-35（a）所示；$i_i' = i_i - i_f$，其中 i_i' 和 i_f 是并联关系，称为并联反馈，如图 5-35（b）所示。可从电路结构中判别串联反馈和并联反馈：反馈信号和输入信号分别加在两个输入端上属于串联反馈，反馈信号和输入信号加在同一个输入端上属于并联反馈。

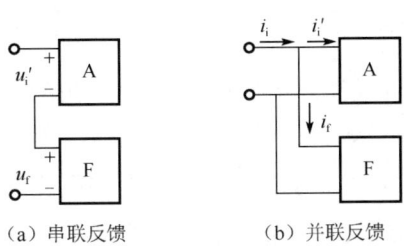

（a）串联反馈　　　　　　　（b）并联反馈

图 5-35　反馈网络在输入端的连接方式

二、四组态负反馈电路

因为综合输出端取样对象不同和输入端的接法不同，所以负反馈电路有四种组态：电压串联负反馈电路、电压并联负反馈电路、电流并联负反馈电路、电流串联负反馈电路。

1. 电压串联负反馈电路

图 5-36 所示为电压串联交流负反馈电路，可判别电路引入的反馈极性和反馈类型。

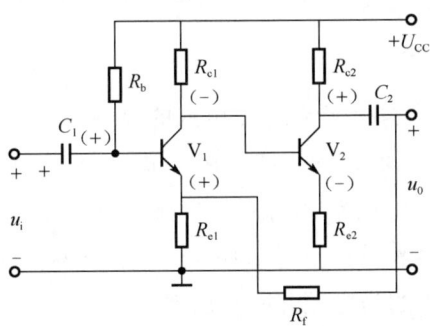

图 5-36　电压串联交流负反馈电路

应用瞬时极性法判别，假设 u_i 的瞬时极性为（+），经 V_1 倒相放大后 $u_{c1}=u_{b2}$ 为（-），经 V_2 再次倒相放大的 u_{c2} 为（+），R_f 与 R_{e1} 串联对 u_0 分压，因此 R_{e1} 上的电压也为（+），由于净输入电压 $u_i'=(u_{b1}-u_{e1})$ 下降，可见，与无反馈时相比，引入反馈后反馈信号 u_{e1} 的变化会使净输入量 u_i' 减小，因此是负反馈。由于电容 C_2 的隔直作用，反馈信号只有交流量，因此还是交流反馈。

若将输出端短路，则 R_f 与 R_{e1} 相当于并联接地，两级间的反馈消失，因此是电压反馈。从输入端结构和以上分析中都可以看出，信号在输入端时以电压形式比较，因此是串联反馈。综合起来，该电路引入的反馈为电压串联负反馈。

2．电压并联负反馈电路

判别图 5-37 所示电路引入的反馈极性和类型应用瞬时极性法。假设 u_i 的瞬时极性为（+），经 V 倒相放大后 u_c 为（-），经 R_1、R_2 反馈到输入端，由于净输入电压减小，因此是负反馈。若将输出端短路，反馈消失，则是电压反馈。从输入端的结构和以上分析中可以看出，在输入端反馈信号与输入信号并联，则该电路引入的反馈为电压并联负反馈。

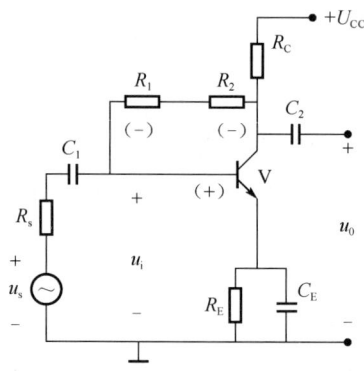

图 5-37 电压并联负反馈电路

3．电流并联负反馈电路

应用瞬时极性法判别图 5-38 所示电路引入的反馈极性和类型。从图 5-38 中所标各点的瞬时极性中可以看出，引入反馈后净的输入电流 $i_i'=(i_i-i_f)$ 减小，因此该电路引入的反馈是负反馈。假设输出端交流短路，即 $u_0=0$，但输出电流 $i_{e2}\neq0$，故反馈仍存在，因此是电流反馈；又因为输入信号和反馈信号都加在同一输入端（V_1 的基极），因此为并联反馈。综合起来，该电路引入的是电流并联负反馈。

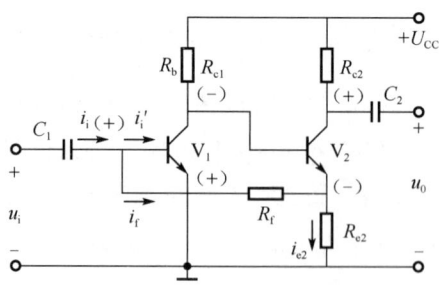

图 5-38 电流并联负反馈电路

4．电流串联负反馈电路

读者可自行分析图 5-39 所示电路引入的反馈极性和类型。

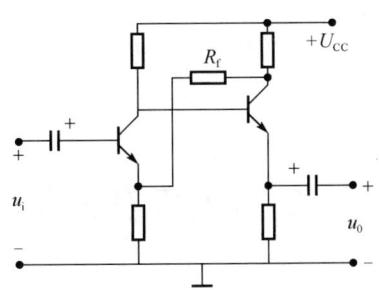

图 5-39　电流串联交直流负反馈电路

三、负反馈的作用

1．改善放大器的频率特性

一般放大器在低频区和高频区的放大倍数都要下降。

负反馈展宽通频带如图 5-40 所示，引入负反馈能使下限截止频率减小，上限截止频率增大，从而可以展宽通频带。

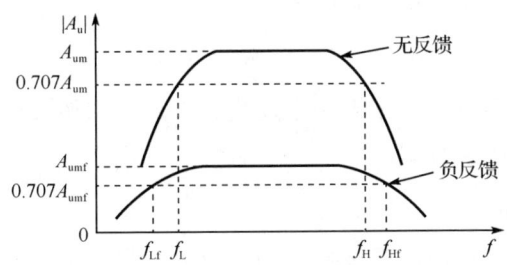

图 5-40　负反馈展宽通频带

2．减小放大器的波形失真

理想的放大器应能实现线性放大。由于三极管特性的非线性，因此存在失真，特别是在信号幅度较大时，波形失真更明显。负反馈可以改善波形失真，但不能将其完全消除。

3．改变放大器的输入和输出电阻

负反馈对输入电阻的影响取决于输入端的连接方式，串联负反馈使输入电阻 R_i 增大，闭环输入电阻 $R_{if} = (1+AF)R_i$；并联负反馈使输入电阻减小，闭环输入电阻 $R_{if} = \dfrac{R_i}{(1+AF)}$。

负反馈对输出电阻的影响取决于输出端的取样方式，电压负反馈使输出电阻 R_0 减小，闭环输出电阻 $R_{0f} = \dfrac{R_0}{(1+AF)}$，输出电阻减小决定了输出电压趋于稳定；电流负反馈使输出电阻增大，闭环输出电阻 $R_{0f} = (1+AF)R_0$，输出电阻增大决定了输出电流较稳定。

以上所述的负反馈对放大器性能的影响程度取决于反馈深度（1+AF），反馈深度越大，对放大器性能的影响就越大。

第五节　基本运算电路及其应用

一、集成运算放大器

1．集成运算放大器的概述

1）集成电路

把晶体管、电阻、电容和连接导线集中制造在一小块半导体基片上形成的具有电路功能的器件称为集成电路。集成电路具有体积小、重量轻、外部焊点少、安装方便、工作可靠等优点。在制造工艺上它具有如下几个特点。

（1）内部为直接耦合。

（2）多用晶体管，少用大电阻和电容。

2）集成电路分类

集成电路按集成度可分为小规模、中规模、大规模和超大规模；按所用器件可分为单极型、双极型和单双极兼容型。

3）集成运算放大器

集成运算放大器是一种内部直接耦合的高放大倍数的集成电路，发展初期主要用于数学运算，它的外形有圆壳式、双列直插式和扁平式。集成运算放大器的符号如图 5-41 所示。

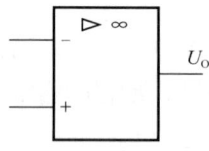

图 5-41　集成运算放大器的符号

2．集成运算放大器的主要参数

（1）开环放大倍数：没有引入反馈的集成运算放大器的放大倍数。

（2）闭环放大倍数：引进负反馈后的放大倍数，通常为了改善电路的性能，总是引入深度负反馈。

（3）开环电压放大倍数 A_{uo}：电路在开环情况下，输出电压和输入差模电压之比，中增益运放可达 10 万倍。

（4）开环输入电阻 r_i：电路在开环情况下，差模输入电压与输入电流之比，一般为几百、几千至几兆欧。

（5）开环输出电阻 r_o：一般为几百欧。

3．理想集成运算放大器及其分析方法

1）理想集成运算放大器的特性

（1）当输入信号为 0 时，输出端恒定为零电位。

（2）输入电阻 $r_i=\infty$。

（3）输出电阻 $r_o=0$。

（4）开环电压放大倍数 $A_{uo}=\infty$。

实际运算放大器在分析时，可看作理想运算放大器。

2）集成运算放大器的分析方法

（1）集成运算放大器的线性区分析方法。

线性区工作特点：运放两个输入端分为"虚短"和"虚断"。

虚短：集成运算放大器同相输入端与反相输入端对地电压近似相等，
即
$$U_+ = U_-$$

虚断：流入集成运算放大器两个输入端的电流都近似等于 0，
即
$$I_+ = I_- = 0$$

（2）非线性区的分析方法。

非线性特点：输出为正向或负向饱和电压。

输出电压 u_0 只有两种可能状态，不是正向饱和电压 $+U_{om}$ 就是负向饱和电压 $-U_{om}$。

当输入电压 $U_+ > U_-$ 时：
$$U_0 = +U_{om}$$

当输入电压 $U_+ < U_-$ 时：
$$U_0 = -U_{om}$$

$U_+ = U_-$ 是两种状态的转换点。

由于理想运算放大器的 $r_i=\infty$，因此虽然 $U_+ \neq U_-$，但输入电流仍然为 0。

二、简单运算电路

1．反相比例运算电路

反相比例运算电路如图 5-42 所示，根据"虚短" $U_+ = U_-$，可得 $U_A = 0$，即 A 点为

"虚地"。

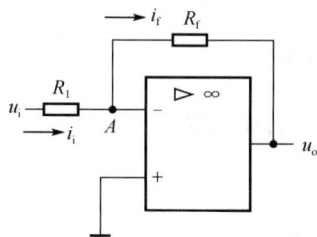

图 5-42 反相比例运算电路

根据"虚断" $I'_i = 0$ 得 $i_i = i_f$：

$$\frac{U_i}{R_1} = -\frac{U_o}{R_f}$$

$$A_{uf} = \frac{U_o}{U_i} = -\frac{R_f}{R_1} \tag{5-19}$$

2. 同相输入比例运算电路

同相输入比例运算电路如图 5-43 所示，根据"虚短"得：

$$U_i = U_+ = U_- = U_f = \frac{R_1}{R_f + R_1} U_o$$

$$A_{uf} = \frac{U_o}{U_i} = \left(1 + \frac{R_f}{R_1}\right) \tag{5-20}$$

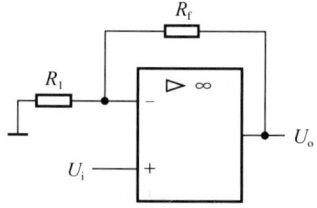

图 5-43 同相输入比例运算电路

3. 加法运算电路

加法运算电路如图 5-44 所示，根据"虚地"得：

$$i_f = i_1 + i_2 + i_3$$

$$U_o = -i_f R_f = -(i_1 + i_2 + i_3) R_f$$

$$U_o = -\left(\frac{R_f}{R_1} U_{i1} + \frac{R_f}{R_2} U_{i2} + \frac{R_f}{R_3} U_{i3}\right) \tag{5-21}$$

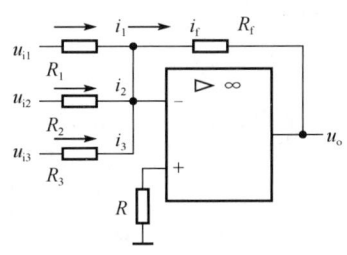

图 5-44 加法运算电路

本章小结

（1）一个直流稳压电源主要由变压器、整流电路、滤波电路和稳压电路等几部分组成。整流电路利用二极管的单向导电性把交流电转变为直流电，最常用的整流电路是单相桥式整流电路。滤波电路利用电容、电感等储能元件将整流电路输出的脉动直流电转变为平滑直流电，电容滤波电路适用于负载电流较小的情况，电感滤波电路则适用于负载电流较大的情况。稳压电路的作用是当电网波动或负载变化时保持输出电压基本不变。随着集成电路的发展，集成稳压器已得到广泛应用，它的内部电路和串联型稳压电路基本相同，它的优点有稳定性能好、有保护电路、外加元件少、使用方便。

（2）信号放大的实质是用一个小的变化量去控制一个大的变化量，使变化量得到放大。常用的简单放大电路是利用三极管的电流控制作用实现对微弱信号的放大。常用的放大电路有共射放大电路、共集放大电路。本章还学习了电路组成、直流通路分析、交流通路分析，学会计算直流工作点、交流输入电阻、交流输出电阻、电压放大倍数。

（3）分析放大电路中的负反馈是分析反馈的定义、负反馈的四种类型、对四种负反馈电路的判别，以及负反馈对放大电路性能的影响。

（4）本章介绍了集成运算放大器组成的各种运算电路及其应用，有比例运算电路和加法运算电路。

习　　题

5-1　试判断图 5-45 中的各电路能否实现不失真的交流信号放大。

5-2　若测得某三极管 3AX31C，当 I_B=20μA 时，I_C=2mA，当 I_B=60μA 时，I_C=5.4mA，试求此三极管的 β 为多少？

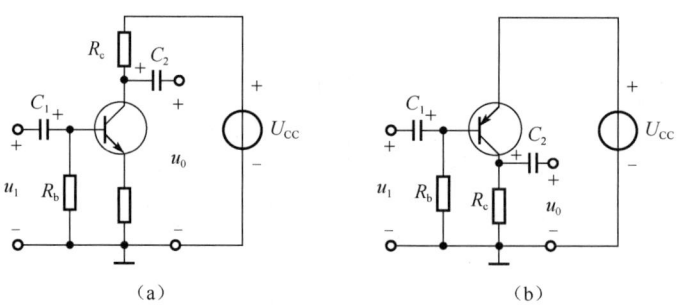

图 5-45　习题 5-1 图

5-3　已知某三极管，当 I_B=10μA 时，I_C=1.1mA，当 I_B=20μA 时，I_C=2mA，试问当 I_B=40mA 时，I_C 值为多少？

5-4　单相桥式整流电路如图 5-46 所示，试分析下列 5 个问题：（1）在正常情况下它是如何工作的？（2）若焊接时把 VD_1 的正负极颠倒了，则会出现什么问题？（3）若 VD_2 因被击穿而短路了，则会出现什么情况？（4）若负载短路，则会出现什么问题？（5）若二极管 VD_2 脱焊，则会对输出电压有什么影响？

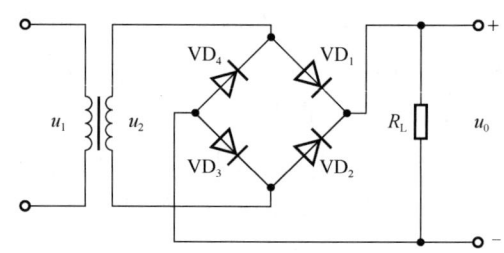

图 5-46　习题 5-4 图

5-5　在某单相桥式整流电路中，已知 $U_2 = 20\text{ V}$，$R_L = 5\Omega$。试求：（1）负载电压和电流的平均值。（2）整流二极管的电流和反向峰值电压。（3）选择整流二极管。

5-6　有 220V、20W 的电烙铁，其电源控制电路如图 5-47 所示，试分析在以下几种情况下其各属于何种供电电路？输出电压各为多大？哪种情况下电烙铁的温度最高？哪种情况下电烙铁的温度最低？为什么？（1）S_1、S_2 均接通。（2）S_2 接通、S_1 断开。（3）S_1 接通、S_2 断开。（4）S_1、S_2 均断开。

5-7　如图 5-48 所示，调整电位器改变 R_b 的阻值就能调整放大器的静态工作点。试估算：（1）若要求 I_{CQ}=2mA，则 R_b 的值应为多大。（2）若要求 U_{CEQ}=4.5V，则 R_b 的值应为多大。

5-8　基本放大电路如图 5-49 所示，三极管为 3DG 100，β=100，试求：（1）放大器的电压放大倍数 A_u。（2）若 β=120，则 A_u 应变为多大？

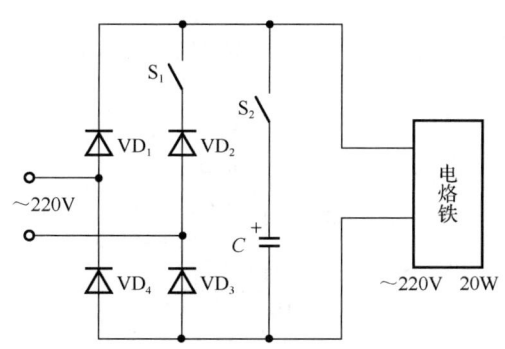

图 5-47 习题 5-6 图

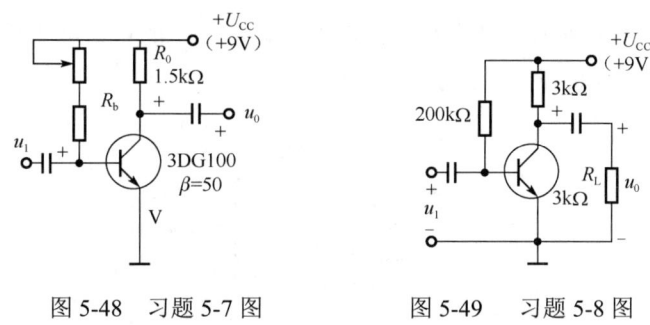

图 5-48 习题 5-7 图　　　图 5-49 习题 5-8 图

5-9 指出图 5-50 所示各电路中的反馈组态和极性。

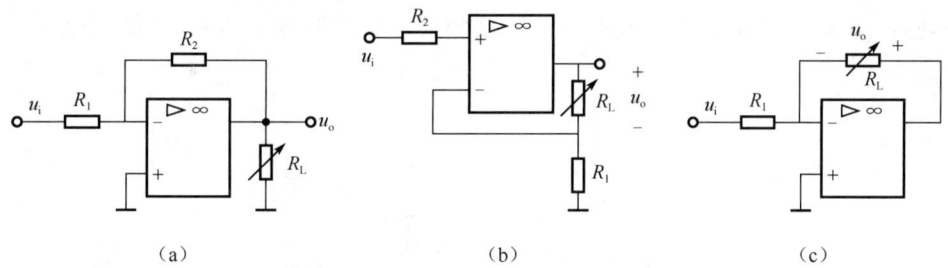

图 5-50 习题 5-9 图

5-10 试求图 5-51 所示各运放电路的输出电压。

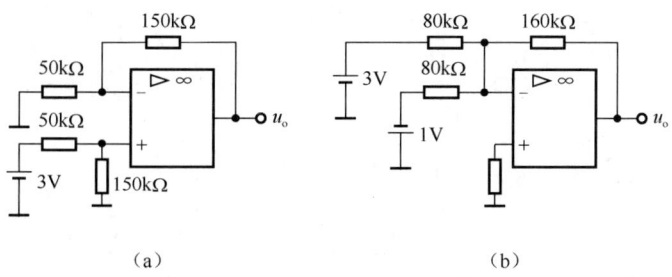

图 5-51 习题 5-10 图

5-11 设图 5-52 所示的反相比例运算电路中的 $R_1=10\text{k}\Omega$，$R_f=30\text{k}\Omega$，试估算它的电压放大倍数 A_u。

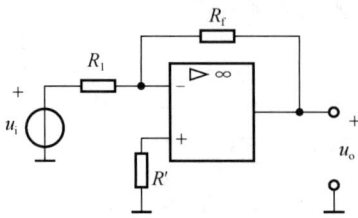

图 5-52　习题 5-11 图

5-12 试求图 5-53 所示的电路开关在以下三种情况下的电压放大倍数：（1）S_1、S_2 断开。（2）S_1 闭合，S_2 断开。（3）S_1，S_2 闭合。

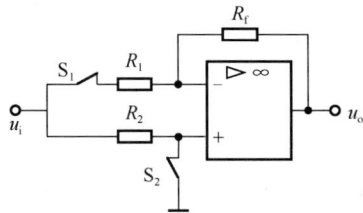

图 5-53　习题 5-12 图

5-13 图 5-54 所示电路为反馈电路，试判断它们的组态（不考虑局部反馈）。

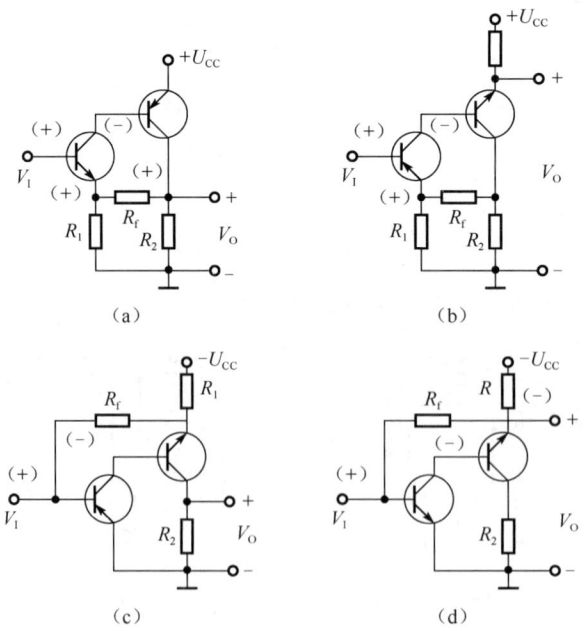

图 5-54　习题 5-13 图

第六章　数字电子电路

第一节　数字电路概述

一、模拟信号和数字信号

电子电路的电信号可以分为模拟信号和数字信号两大类。模拟信号的特点是信号电压（或信号电流）从大到小（或从小到大）的变化是随时间的变化而连续变化的。模拟信号示意图如图 6-1 所示。

对模拟信号接收、处理和传递的电子电路称为模拟电路，如放大电路、滤波器、信号发生器等。模拟电路是实现模拟信号的产生、放大、处理、控制等功能的电路，注重的是电路输出信号和输入信号间的大小和相位关系。数字信号的特点是信号电压（或信号电流）从大到小（或从小到大）的变化是陡然跳变的，如生产线中的产品，只能在一些离散的瞬间完成，而且产品的个数也只能逐步增减，它们的转换信号就是数字信号。数字信号示意图如图 6-2 所示。处理数字信号的电子电路称为数字电路。

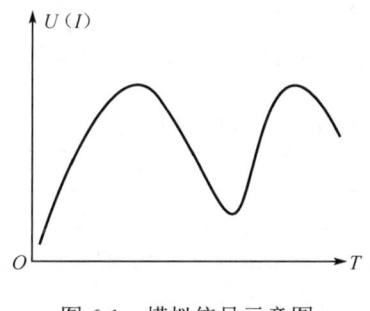
图 6-1　模拟信号示意图

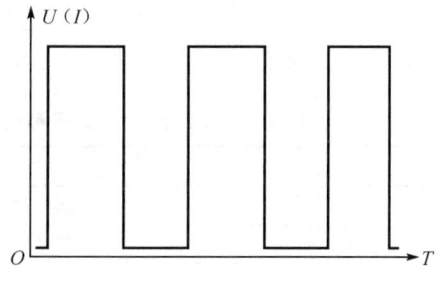
图 6-2　数字信号示意图

二、数制和数制的转换

人们平常习惯使用十进制，在数字系统中则要使用二进制，我国古代计量采用十六进制。实际上，如果我们掌握了数制的规律，那么就可以设计任意进制数以方便应用。

在任意的一个数制中，都有数码和位权两个概念。以十进制为例，它是用十个不同的数字符号 0，1，2，3，4，5，6，7，8，9 来表示的，通常把这十个数字符号称为数码；另外十进制是逢十进一，所以同一个数码在一个数的不同位置时表示的数值大小是不同的。例如，9999.99 这个数，第一个 9 表示的数值是九千，即 9×10^3；第二个 9 表示的数值是九百，即 9×10^2；第三个 9 表示的数值是九十，即 9×10^1；第四个 9 表示的数值是九，即 9×10^0；第五个 9 表示的数值是零点九，即 9×10^{-1}；第六个 9 表示的数值是零点零九，即 9×10^{-2}。在这里 9×10^3、9×10^2、9×10^1、9×10^0、9×10^{-1}、9×10^{-2}，所有的这些 9 都称为系数，10 称为十进制数的基数，10^3、10^2、10^1、10^0、10^{-1}、10^{-2} 是每位系数对应的权，权乘以系数称为加权系数，即一个十进制的数值就是以 10 为基数的加权系数之和。

基数和权是数制的两个要素。利用基数和权，可以将任何一个数表示成多项式的形式。例如，十进制的整数 206 可以表示为：

$$(206)_{10} = 2\times10^2 + 0\times10^1 + 6\times10^0$$

二进制的基数为 2，只有 0、1 两个数码，进位规则是逢二进一，即 1+1=10。二进制整数中从个位起各位的权分别为 2^0、2^1、2^2 等。例如，二进制的整数 11001 可以表示为：

$$(11001)_2 = 1\times2^4 + 1\times2^3 + 0\times2^2 + 0\times2^1 + 1\times2^0 = (25)_{10}$$

这样利用多项式求和可把任意一个二进制数转换为十进制数。

每个十六进制数可以用 4 位二进制数表示，如 $(0101)_2$ 表示十六进制中的 5，$(1101)_2$ 表示十六进制中的 D。将二进制整数转换为十六进制数，从低位开始，每 4 位为一组转换为相应的十六进制数即可。例如：

$$(11\ 0100\ 1011)_2 = (34B)_{16}$$

十进制数、二进制数、十六进制数之间的对应关系如表 6-1 所示。

表 6-1 十进制数、二进制数、十六进制数之间的对应关系

十进制数	二进制数	十六进制数
0	0000	0
1	0001	1
2	0010	2
3	0011	3
4	0100	4
5	0101	5
6	0110	6
7	0111	7
8	1000	8
9	1001	9
10	1010	A
11	1011	B
12	1100	C

续表

十进制数	二进制数	十六进制数
13	1101	D
14	1110	E
15	1111	F

第二节　门电路与逻辑代数基础

数字电路有三种基本逻辑关系：与、或、非。用以实现基本逻辑关系的电子电路称为门电路。用以实现与、或、非基本逻辑关系的门电路分别称为与门电路、或门电路、非门电路。可以用与、或、非的组合来实现复合的逻辑关系，常见的复合逻辑关系有与非、或非、与或非、异或、同或等。

一、与门电路

与逻辑关系是指当某几个条件同时满足时其结果才成立。与基本逻辑关系如图 6-3 所示，只有在 S_1、S_2 两个开关全部接通时灯泡才能发光。"灯泡发光"和"开关 S_1 闭合""开关 S_2 闭合"两个条件之间的逻辑关系就是与逻辑关系。

图 6-4 所示是二极管与门电路，它有两个输入端 A 和 B 和输出端 Y。若 A、B 两端都输入+3 V 时，则两个二极管 V_A、V_B 都会导通，于是输出端 Y 的电位也是+3V，如图 6-4（a）所示；若 A、B 两端只有一端输入+3 V，另一端输入 0 V 时，如图 6-4（b）所示，则输入为 0V 的二极管 V_B 首先导通，这将使输出端 Y 的电位为 0 V，另一个二极管 V_A 将处于反偏截止状态。可见，输出端与两个输入端之间存在着与逻辑关系。

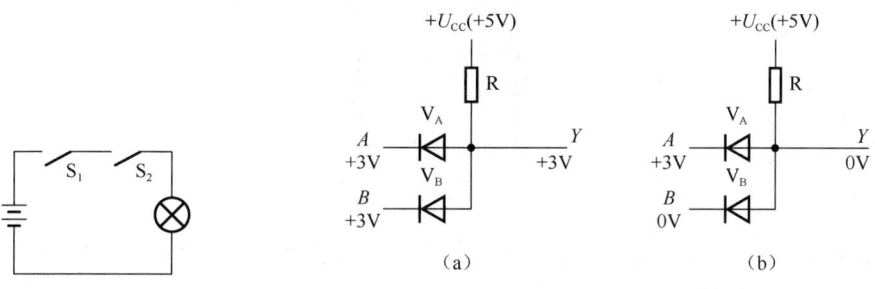

图 6-3　与基本逻辑关系　　　　图 6-4　二极管与门电路

把+3 V 称为高电平，用 1 表示；0 V 称为低电平，用 0 表示，可以写出与门电路的真值表。与门电路真值表如表 6-2 所示。

表 6-2 与门电路真值表

输入信号 A	输入信号 B	输出信号 Y
0	0	0
0	1	0
1	0	0
1	1	1

与逻辑关系还可以用逻辑代数式表示，

即 $$Y = A \cdot B \qquad (6-1)$$

所以与逻辑关系也称为逻辑乘。但应注意这和数的乘法运算完全是两回事，逻辑乘运算只有有限的几种情况，

即　　　　0·0=0　　　0·1=0　　　1·0=0　　　1·1=1

与门电路逻辑符号如图 6-5 所示，图中标出了输出端和输入端，电源端和公共接地端都被省略。

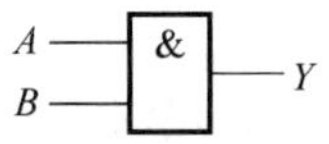

图 6-5 与门电路逻辑符号

二、或门电路

或逻辑关系是指在某几个条件中，只要其中一个条件得到满足结果就能成立。或逻辑关系如图 6-6 所示，只要 S_1、S_2 两个开关中有一个接通，灯泡就能发光。"灯泡发光"和"开关 S_1 闭合""开关 S_2 闭合"两个条件之间就是或逻辑关系。

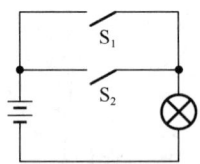

图 6-6 或逻辑关系

图 6-7 所示是二极管或门电路，A、B 两个输入端只要有一个输入+3V（如 A 端），那么 V_A 就会首先导通，输出端 Y 的电位为+3 V，如图 6-7（a）所示。若 A、B 两端都输入+3V，则输出端 Y 仍为+3 V，只有当 A、B 两端都输入 0 V 时，输出端 Y 才为 0 V，如图 6-7（b）所示。或门电路真值表如表 6-3 所示。

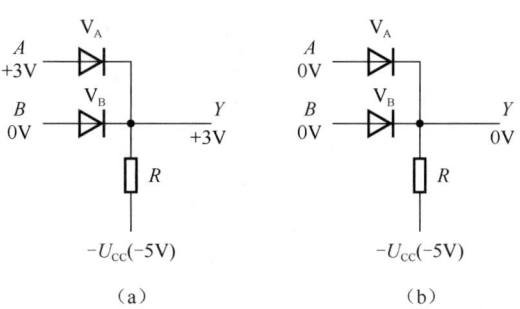

图 6-7 二极管或门电路

表 6-3 或门电路真值表

输入信号 A	输入信号 B	输出信号 Y
0	0	0
0	1	1
1	0	1
1	1	1

或逻辑关系还可以用逻辑代数式表示，
即
$$Y = A + B \tag{6-2}$$
或逻辑关系用逻辑代数式表示称为逻辑加，逻辑加运算有以下几种情况，
即　　　　　　　　0+0=0　　0+1=1　　1+0=1　　1+1=1

或门电路逻辑符号如图 6-8 所示。

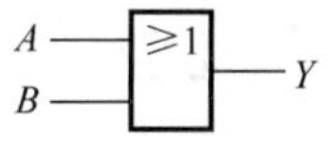

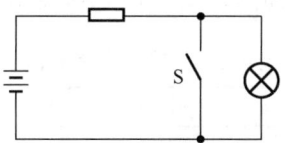

图 6-8 或门电路逻辑符号

三、非门电路

非逻辑关系是指结果与条件相反。非逻辑关系如图 6-9 所示，开关 S 闭合灯泡不发光，开关 S 断开灯泡发光。"灯泡发光"和"开关 S 闭合"之间的逻辑关系就是非逻辑关系。

图 6-9 非逻辑关系

图 6-10 所示是晶体管非门电路，当 A 端输入高电平时，晶体管饱和导通，Y 端输出低电平；当 A 端输入低电平时，晶体管截止，Y 端输出高电平。

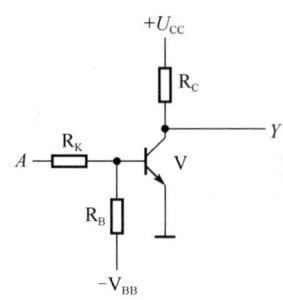

图 6-10 晶体管非门电路

非门电路真值表如表 6-4 所示。

表 6-4 非门电路真值表

输入信号 A	输出信号 Y
0	1
1	0

非逻辑关系还可以用逻辑代数式表示,

即
$$Y = \overline{A} \qquad (6\text{-}3)$$

非逻辑关系用逻辑代数式表示为逻辑非,逻辑非运算只有两种情况,

即
$$\overline{0} = 1 \qquad \overline{1} = 0$$

非门电路逻辑符号如图 6-11 所示。

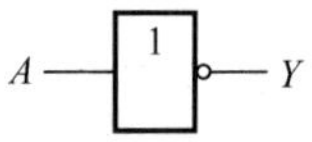

图 6-11 非门电路逻辑符号

四、与非门电路

与非门电路是与门电路和非门电路的组合,其逻辑代数表达式为:

$$Y = \overline{A \cdot B} \qquad (6\text{-}4)$$

与非门电路真值表如表 6-5 所示,与非门电路逻辑符号如图 6-12 所示。

表 6-5 与非门电路真值表

输入信号 A	输入信号 B	输出信号 Y
0	0	1
0	1	1
1	0	1
1	1	0

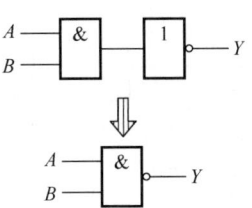

图 6-12　与非门电路逻辑符号

同与非门电路类似的还有或非门电路、与或非门电路，或非门电路是或门电路和非门电路的组合，与或非门电路是与门电路、或门电路、非门电路的组合。图 6-13 所示是或非门电路逻辑符号，图 6-14 所示是与或非门电路逻辑符号，或非门电路表达式为 $Y = \overline{A + B}$，与或非门电路表达式为 $Y = \overline{AB + CD}$，真值表请读者自行分析。

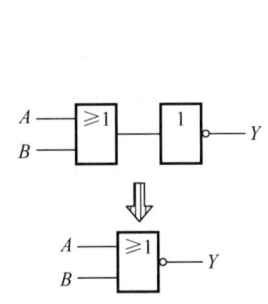

图 6-13　或非门电路逻辑符号

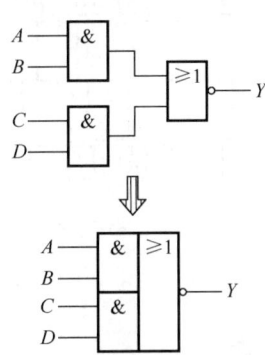

图 6-14　与或非门电路逻辑符号

五、集成门电路

前面讲过的电路，都是由二极管、晶体管组成的简单的分立元件电路，随着集成门电路技术的发展，实际应用中已不再采用分立元件电路。非常复杂的组合逻辑电路完全可以集成在一个芯片内。图 6-15 所示是四-2 输入与门 74LS08，图 6-16 所示是六非门 74LS04。集成电路的结构、性能也在不断改进，如提高输入电阻、降低输出电阻以提高带负载能力、降低自身功耗、提高工作速度、提高抗干扰能力等。

根据电路结构的不同，集成门电路可由绝缘栅场效应管组成，或者由晶体管组成，前者为金属氧化物—半导体场效应管逻辑电路，简称 CMOS 电路，常用的有 4000、54／74HC、HCT 等系列；后者的输入级和输出级均采用晶体管，故称为晶体管—晶体管逻辑电路，简称 TTL 电路，常用的有 54／74LS 两个系列。下面从使用的角度对两者的特点做简要说明。

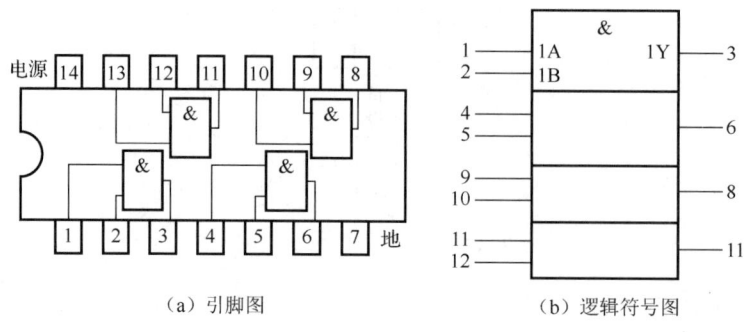

图 6-15 四-2 输入与门 74LS08

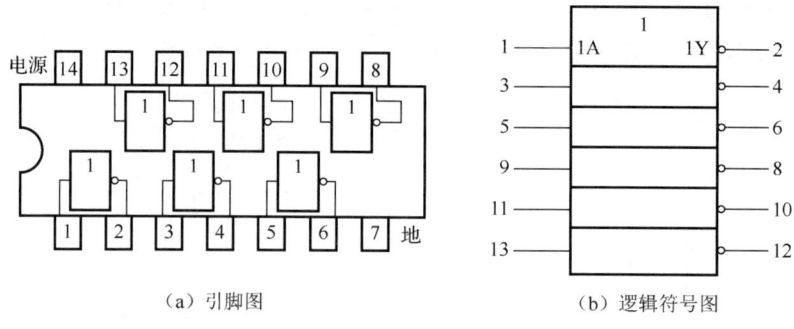

图 6-16 六非门 74LS04

1. TTL 电路

TTL 电路是目前品种齐全，应用很广泛的一类集成门电路，常用的有 54/74LS 两个系列。除前面介绍的一些门电路外，还有许多其他功能的逻辑电路。TTL 电路的特点是运行速度快，有统一的电源电压（+5 V）且比较低，有较强的带负载能力。

当 TTL 电路中有多个输入端时，对多余输入端（闲置输入端）的处理一般有以下三种方法。

（1）将闲置输入端悬空（相当于高电平 1），这个处理方法的缺点是易受干扰，且只适合与门、与非门电路。

（2）将闲置输入端与信号输入端并接，这个处理方法的优点是可以提高工作可靠性，缺点是会增加前级门的负载电流。

（3）对与门、与非门电路的闲置输入端，可以通过一个数千欧的电阻将闲置输入端接到电源 U_{CC}。对或门、或非门电路的闲置输入端可直接接地。

2. CMOS 电路

CMOS 电路是以 MOS 管为核心的集成门电路，它的优点是功耗低、可靠性好，其 4000、54/74HC 和 HCT 系列的电源电压范围分别为 3～18 V、2～6 V、5 V，容易和其他电路接口；它的缺点是工作速度较低。

常用的 CMOS 电路除上述的一般门电路外，还有 CMOS 传输门、三态门等。

CMOS 传输门是一种受电压控制的信号传输双向开关，如图 6-17（a）所示。当 $C=1$，$\overline{C}=0$ 时，传输门开启，信号可以在 A-Y 间传输；反之，当 $C=0$、$\overline{C}=1$ 时，传输门关断，信号就不能通过。

三态门也是一种由控制信号控制的逻辑门，如图 6-17（b）所示。当 $\overline{EN}=0$ 时，三态门开启，$Y=\overline{A}$；当 $\overline{EN}=1$ 时，三态门封锁，输出端 Y 为高阻状态。$\overline{C}$、$\overline{EN}$ 符号上的非号和连线上的小圆圈可理解为低电平有效工作。CMOS 门电路逻辑符号如图 6-17 所示。

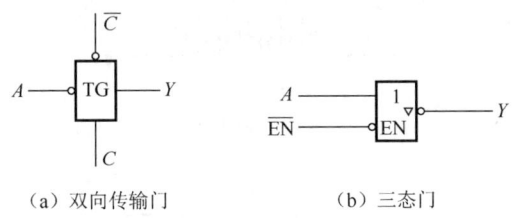

（a）双向传输门　　　　　（b）三态门

图 6-17　CMOS 门电路逻辑符号

使用 CMOS 电路时应注意对器件的安全保护，多余的输入端不应悬空。当工作频率不太高时，可将输入端并联使用；当工作频率较高时，应根据逻辑要求把多余的输入端分别接至高电位或低电位。CMOS 电路的输出端不能对地短路，当焊接 CMOS 器件时，电烙铁必须可靠接地或脱电后用余热焊接。

CMOS 电路与 TTL 电路的主要性能比较如表 6-6 所示。

表 6-6　CMOS 电路与 TTL 电路的主要性能比较

性能名称	TTL 电路	CMOS 电路
主要特点	高速	微功耗、高抗干扰能力
集成度	中	极高
电源电压 / V	5	3～18
平均延迟时间 / ns	3～10	40～60
最高计数频率 / MHz	35～125	2
平均导通功耗 / mW	2～22	0.001～0.01
输出高电平 / V	3.4	电源电压值
输出低电平 / V	0.4	0

【例 6-1】如图 6-18 所示，在测定电机转速时，必须用一个门电路来限定一个单位时间内通过的脉冲信号。试选一种门电路来实现这个功能。

解：用一个有两个输入端的与门电路即可实现上述功能。

如图 6-18 所示，以 B 端作为控制端，当 B 端的输入信号为 1 时，Y 端的输出信号与

A 端的输入信号相同,相当于门被打开;当 B 端的输入信号为 0 时,不论 A 端的输入信号为何种状态,Y 端的输出信号均为 0,相当于门被关闭。因此,只要控制 B 端的输入信号为 1 的时间为一个单位,通过的脉冲信号就被限定在此时间之内。

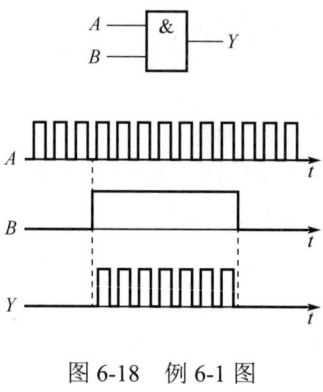

图 6-18　例 6-1 图

第三节　触发器

一、基本 R-S 触发器

基本 R-S 触发器由两个与非门组成,与非门各自的输出端交叉耦合到另一个与非门的输入端,如图 6-19(a)所示,图 6-19(b)所示是基本 R-S 触发器的符号。S_D、R_D 是输入端,Q 是输出端,通常说触发器为 0 状态或 1 状态,就是指输出端 Q 的状态。此外还有另一端永远输出与 Q 端相反的信号,记为 $\overline{Q}$ 端,并在这一端标注一个小圆圈。

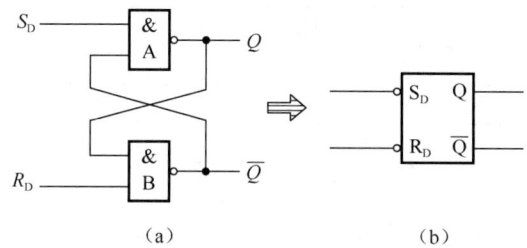

图 6-19　基本 R-S 触发器

输入端 S_D、R_D 平时都处于 1 状态,应当说明的是,当 TTL 集成与非门电路的输入端悬空时,就相当于输入 1,CMOS 集成与非门电路则必须接到正电源时,才能输入 1。

当 $S_D=1$,$R_D=1$ 时,输出端 Q 的状态是随机的,可能出现两种稳定状态中的一种。

(1) $Q=1$。Q 耦合到与非门 B 之后,与 $R_D=1$ 同时输入,使 $\overline{Q}=0$;$\overline{Q}$ 再耦合到与非门 A 与 $S_D=1$ 同时输入,再使 $Q=1$,所以当 $Q=1$ 时是稳定状态。

（2）$Q=0$。Q 耦合到与非门 B 之后，与 $R_D=1$ 同时输入，使 $\overline{Q}=1$；$\overline{Q}$ 再耦合到与非门 A 与 $S_D=1$ 同时输入，再使 $Q=0$，所以当 $Q=0$ 时也是一种稳定状态。

所以，以上电路均称为双稳态电路。

假设电路的初始状态是第二种稳态，即 $Q=0$，此时在 S_D 加一个负脉冲，如图 6-20 所示，当 S_D 从 1 变为 0 时，与非门 A 的输出端 Q 从 0 变为 1。耦合到与非门 B 与 $R_D=1$ 同时输入，使 $\overline{Q}=0$，再耦合到与非门 A 与 S_D 同时输入，这时的 S_D 不论是 0 还是已恢复为 1，Q 都将稳定到 1（$Q=1$），电路从一种稳态变到另一种稳态。

将输入的脉冲称为触发脉冲，电路从一种稳态变为另一种稳态称为翻转。

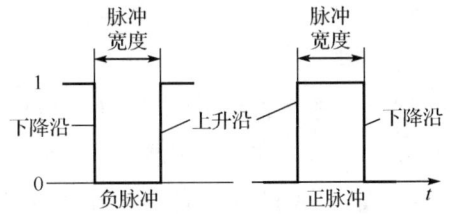

图 6-20 脉冲波形

同理，若电路的初始状态是第一种稳态，即 $Q=1$，则此时在 R_D 加一个负脉冲，电路又将从 $Q=1$ 翻转为 $Q=0$。

因此，把 S_D 称为置 1 端（或称为置位端），R_D 称为置 0 端（或称为复位端）。因为 S_D、R_D 都需要加负脉冲触发才能使触发器翻转，所以在图 6-19（b）中 S_D、R_D 的引出线前有一个小圆圈（若无此圆圈则说明要用正脉冲触发）。

S_D、R_D 两端同时输入负脉冲是不被允许的，因为当 $S_D=R_D=0$ 时，输出端将暂时维持 $Q=\overline{Q}=1$ 的状态，一旦 S_D、R_D 同时恢复为 1，触发器的状态不确定，可能是第一种稳态，也可能是第二种稳态，在逻辑电路的工作过程中不允许出现随机的不确定状态，这将造成逻辑混乱。基本 R-S 触发器的真值表如表 6-7 所示，图 6-21 所示是基本 R-S 触发器的波形。

表 6-7 基本 R-S 触发器的真值表

R_D	S_D	Q	$\overline{Q}$
0	0	不定	不允许
0	1	0	1
1	0	1	0
1	1	保持不变	保持不变

可见触发器的记忆功能就是指输入一个脉冲信号，信号持续很短时间即恢复原状，但输出端翻转后的状态却被稳定地保持下来。

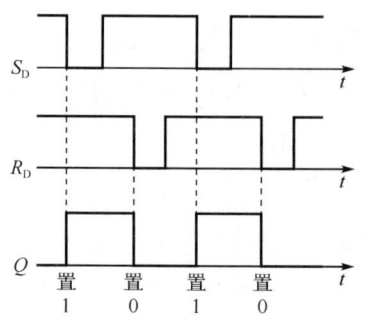

图 6-21 基本 R-S 触发器的波形

二、同步 R-S 触发器

在基本 R-S 触发器的基础上，再增加两个与非门 C 和 D，称为导引门，就构成了同步 R-S 触发器，如图 6-22 所示。与基本 R-S 触发器相比，同步 R-S 触发器增加了三个输入端，S、R 称为同步输入端，置 1 或置 0 时都用正脉冲触发，所以符号图中不标小圆圈。CP 为时钟脉冲输入端。

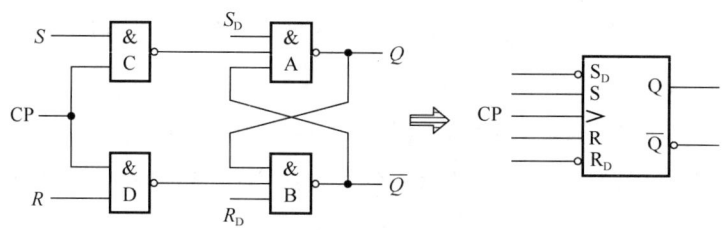

图 6-22 同步 R-S 触发器

当整个数字电路中有若干个触发器时，往往需要协调动作，步调一致，这时就用一个统一的脉冲信号进行控制，称为时钟脉冲。输入端 S、R 与 S_D、R_D 相比，相同的是起置 0 和置 1 的作用；不同的是触发脉冲从 S 或 R 端输入后，要等到时钟脉冲从 CP 端输入时（称为时钟脉冲到来）触发器才动作，所以 S、R 称为同步输入端。

触发脉冲从 S 或 R 端输入后，要通过导引门 C 或 D 传递到基本 R-S 触发器中进行触发。在时钟脉冲未到来之前，CP=0，相当于导引门关闭，此时不论 S、R 为何种状态，导引门输出均为 1，触发器保持原有的稳态不变。时钟脉冲一到，CP 端由 0 变 1，相当于导引门打开，S 或 R 的触发脉冲通过导引门传递到 A 或 B 的输入端使触发器置 1 或置 0。因为导引门是与非门，所以 S 或 R 需要输入正脉冲，通过导引门才能转换成负脉冲使触发器置 1 或置 0。

若 S 和 R 均为 0，通过导引门后都变成 1，则触发器将维持原有状态不变。若 S 与 R 均为 1，通过导引门后都变成 0，则脉冲过后触发器状态不定，这是不允许的，也就是说

S 和 R 不能同时输入正脉冲。

原有的 S_D、R_D 输入端仍然保留,它的置 1 和置 0 功能仍与原先相同,需输入负脉冲触发并与 CP 无关。S_D、R_D 在电路中往往被用来设置初始条件,不用时 S_D、R_D 都应置 1。

同步 R-S 触发器的真值表如表 6-8 所示,图 6-23 所示是同步 R-S 触发器的工作波形。

表 6-8　同步 R-S 触发器的真值表

R_D	S_D	R	S	Q_n
0	0	×	×	不允许
0	1	×	×	0
1	0	×	×	1
1	1	0	0	Q_{n-1}
1	1	0	1	1
1	1	1	0	0
1	1	1	1	不定

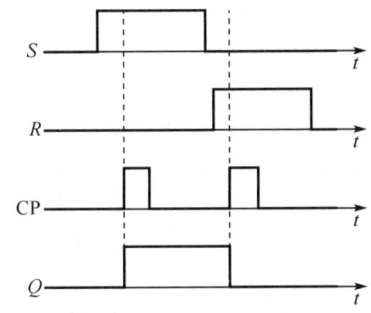

图 6-23　同步 R-S 触发器的工作波形

三、主从 J-K 触发器

主从 J-K 触发器是一种功能齐全的触发器。主从 J-K 触发器的图形符号如图 6-24 所示,它的应用很广,作为集成触发器,要着重了解和掌握它的外部功能。

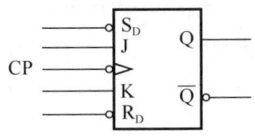

图 6-24　主从 J-K 触发器的图形符号

所谓主从型,是指触发器内部分为主、从两个部分。当时钟脉冲到来时,CP 从 0 变到 1,触发器的一部分做翻转的准备;当时钟脉冲结束时,CP 从 1 变到 0,触发器的输出端才翻转。因为它是在时钟脉冲的下降沿处翻转的,所以在时钟脉冲输入端标一个小圆圈。

主从 J-K 触发器具有以下功能。

（1）若 $J=K=0$，则时钟脉冲输入后，触发器状态不变。

（2）若 $J=1$，$K=0$，则时钟脉冲输入后，触发器置 1。

（3）若 $J=0$，$K=1$，则时钟脉冲输入后，触发器置 0。

（4）若 $J=K=1$，则时钟脉冲输入后，在原有状态下翻转一次，原来为 0 即翻转为 1，原来为 1 即翻转为 0。这样，若连续施加时钟脉冲，则可用来累计时钟脉冲的数目，称为计数工作状态。

由此可知，J-K 触发器不会出现不确定的状态。

S_D、R_D 仍和原先一样，不受时钟脉冲的控制，可用负脉冲直接置 1 或置 0，当不用时，S_D、R_D 应保持 1 状态。主从 J-K 触发器的真值表如表 6-9 所示。

表 6-9　主从 J-K 触发器的真值表

R_D	S_D	J	K	Q_n
0	0	×	×	不允许
0	1	×	×	0
1	0	×	×	1
1	1	0	0	Q_{n-1}
1	1	0	1	0
1	1	1	0	1
1	1	1	1	计数

【例 6-2】图 6-25（a）所示波形为主从 J-K 触发器输入端的状态波形（S_D、R_D 不用，保持 1 状态），试求输出端 Q 的状态波形，已知初始状态为 $Q=1$。

解：Q 的状态波形如图 6-25（b）所示

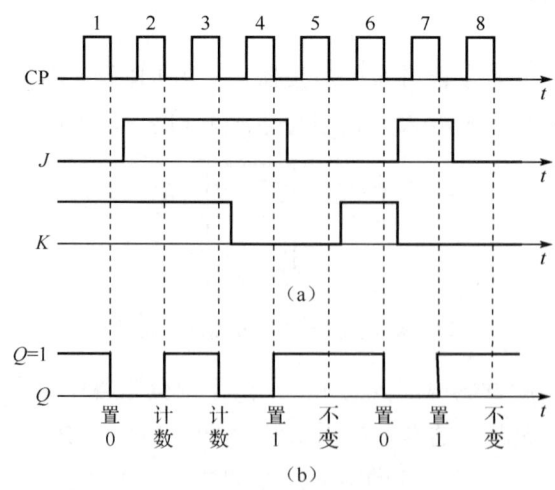

图 6-25　例 6-2 图

四、D 触发器

D 触发器如图 6-26 所示，它只有一个同步输入端 D。触发器的输出决定于时钟脉冲到来之前输入端 D 的状态。D 触发器的真值表如表 6-10 所示。

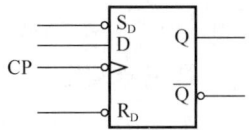

图 6-26　D 触发器

表 6-10　D 触发器的真值表

R_D	S_D	D	Q_n
0	0	×	不允许
0	1	×	0
1	0	×	1
1	1	0	1
1	1	1	0

D 触发器也有在时钟脉冲上升沿触发的，其图形符号中 CP 端不标注小圆圈，应注意区别。D 触发器仍保留 S_D、R_D 端，其功能与用法同前。

【例 6-3】图 6-27（a）所示为四人抢答电路。电路中的主要器件是 CT74LSl75 四上升沿 D 触发器，其引脚排列如图 6-27（b）所示，它的异步清零端 $\overline{R}_D$ 和时钟脉冲 CP（频率很高，周期远远小于人手反应动作时间）是 4 个触发器共用的。

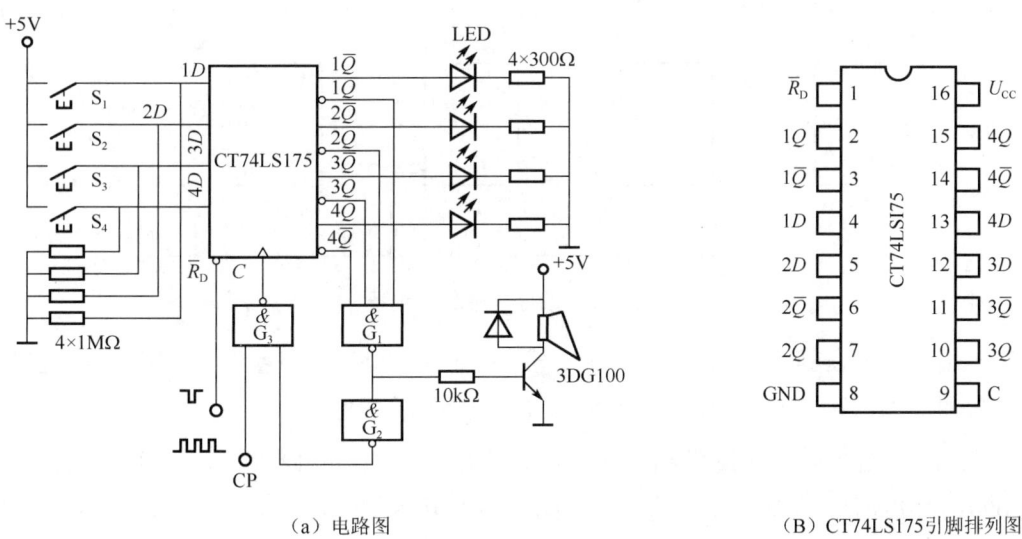

（a）电路图　　　　　　　　　　　　　　（B）CT74LS175引脚排列图

图 6-27　例 6-3 图

抢答前先清零，1Q～4Q 均为 0 状态，相应的发光二极管都不亮，$1\overline{Q}$～$4\overline{Q}$ 均为 1 状态，G_1 门输出为 0 状态，蜂鸣器不响。同时，G_2 门输出为 1 状态，将 G_3 门打开，时钟脉冲 CP 经过 G_3 门进入 D 触发器的 C 端。此时，由于 S_1～S_4 均未按下，1D～4D 均为 0 状态，因此触发器的状态不变。

抢答开始，若 S_1 首先被按下，则 1D 和 1Q 均变为 1 状态，相应的发光二极管亮，$1\overline{Q}$ 变为 0 状态，G_1 门输出为 1 状态，蜂鸣器发出声音。同时 G_2 门输出为 0 状态，将 G_3 门封闭，时钟脉冲便不能进入 D 触发器。由于没有时钟脉冲，再按下其他按钮就不起作用了，因此其他触发器的状态就不会改变。抢答判决完毕，由裁判清零，准备等下一次抢答时使用。

第四节　计数器

计数器的功能是累计输入脉冲的个数，因为一个双稳态触发器有两个不同的稳定状态，只可以计两个数，所以触发器计数适用于二进制。

一、二进制计数器

图 6-28 所示是用 J-K 触发器组成的四位二进制计数器，各触发器的 $J=K=1$，触发器处于计数状态。

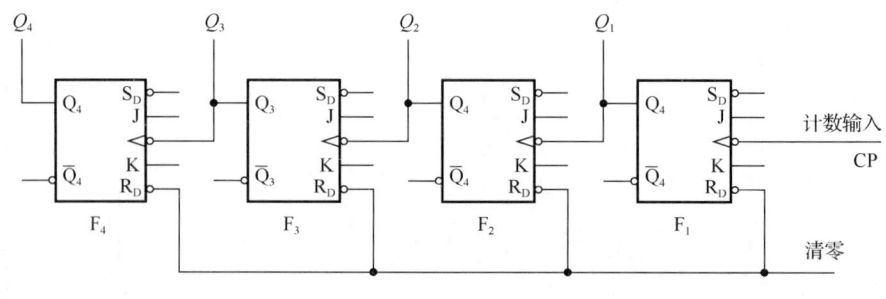

图 6-28　四位二进制计数器

利用四个触发器的 R_D 端，同时输入一个负脉冲，使其全部置 0，称为清零。这时整个计数器的输出端 $Q_4Q_3Q_2Q_1$ 成为 0000 状态，对应十进制的 0。

当第一个脉冲输入触发器 F_1，并且其下降沿到来时，Q_1 翻转为 1，计数器的输出变成 0001，相当于十进制数 1。同时这个输出 Q_1 也输入触发器 F_2，相当于触发器 F_2 接收到了时钟脉冲的上升沿。

第二个脉冲输入 F_1，Q_1 又翻转为 0，Q_1 信号同时输入 F_2，使其接收到的时钟脉冲到达下降沿，所以 Q_2 同时翻转到 1，计数器输出 0010，相当于十进制数 2。从 Q_1 输入 F_2 的脉冲也称为进位脉冲。

依此类推，随着计数脉冲逐一输入 F_1，后面的触发器将依次翻转，前一位翻转两次即形成一个完整的进位脉冲，使后一位翻转一次，构成二进制计数器。

四位二进制计数器可以累计从 0 到 15 共 16 个数。四位二进制计数器的状态及波形如图 6-29 所示，照此原理可以组成更多位的二进制计数器，若位数为 n，则可累计的数为 2^n。

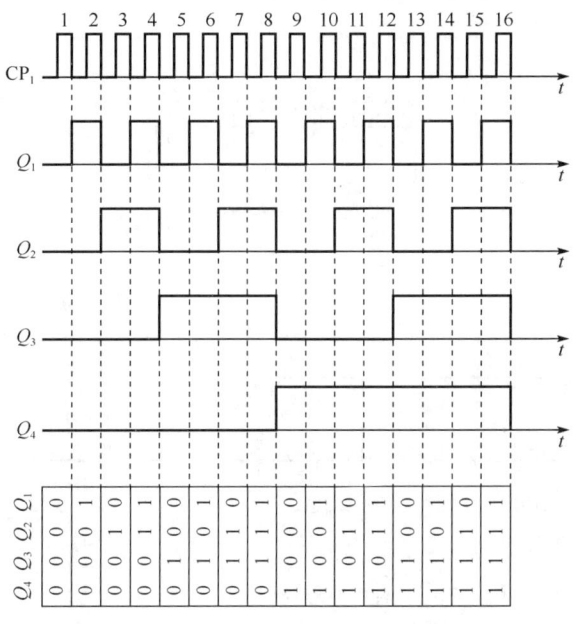

图 6-29　四位二进制计数器的状态及波形

二、十进制计数器

习惯的计数方法是用十进制计数法，计数器的每位必须有从 0 到 9 这 10 种状态。单一的触发器只有两种状态，显然不能满足要求。

在实际应用中，已有集成计数器产品可供选用。例如，C180 就是一种常用的 CMOS 中规模集成电路计数器，它是十进制计数器，输入计数脉冲，输出 BCD 码。C180 外形及引脚排列和输入方式如图 6-30 所示。C180 各引脚的功能及使用方法如表 6-11 所示。

表 6-11　C180 各引脚的功能及使用方法

引脚号	引脚名称		功　　能
2	CP	功能端	E=1 由 CP 输入计数［见图 6-30（b）］上升沿计数
			E=0 计数器被封锁［见图 6-30（c）］
4	E	使能端	CP=0 由 E 输入计数［见图 6-30（d）］下降沿计数

续表

引脚号	引脚名称	功　能
6	Cr　复位端	Cr=1 计数器清零 Cr=0 计数器进入计数状态
10	Q_1　最低位输出端	十进制 BCD 输出
11	Q_2	
13	Q_3	
14	Q_4　最高位输出端	
16	U_{DD}　正电源端	+10 V
8	U_{SS}　负电源端	0 V

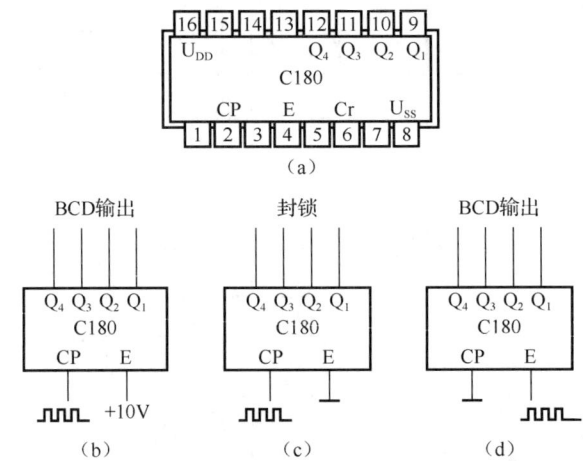

图 6-30　C180 外形及引脚排列和输入方式

计数器除可计数外，还可以用作分频器，例如，二进制计数器高一位信号频率是低一位信号频率的 $\frac{1}{2}$，十进制计数器为 $\frac{1}{10}$，N 进制则为 $\frac{1}{N}$，这就是计数器的分频功能。例如，电子手表就是由石英晶体振荡器产生高稳定度的 32768Hz（2^{15}Hz）基准信号，而后经 15 级二分频获得 1Hz 的秒脉冲。

第五节　编码译码及显示器

一、编码器

用文字、符号或数码表示某一对象或信号的过程称为编码，如装电话要电话号码，寄信要邮政编码，计算机中的各种字符也要用数字编码。能够实现编码功能的电路称为编码器。

由于十进制编码或某种文字和符号难以用电路实现，所以在数字电路中，一般采用二进制编码。二进制只有 0 和 1 两个数码，可以把若干个 0 和 1 按一定规律编排起来组成不同的代码（二进制数）来表示某个对象或信号。一位二进制代码有 0 和 1 两种状态，可以表示两个信号；两位二进制代码有 00、01、10、11 四种状态，可以表示四个信号。在进行编码时，要表示的信息越多，二进制代码的位数就越多。n 位二进制代码有 2^n 种状态，可以表示 2^n 个信息，这种二进制编码在电路上容易实现。

常用的编码器有二进制编码器、二-十进制（10 线-4 线）编码器、优先编码器等，下面介绍二-十进制编码器。

二-十进制编码器是将十进制的 10 个数码 0、1、2、3、4、5、6、7、8、9 编成二进制代码的电路。输入 0～9 十个数码，输出对应的二进制代码，因 $2^n \geqslant 10$，n 常取 4，故输出为 4 位二进制代码，这种二进制代码又称为二-十进制代码，简称 BCD 码，也称为 8421 码。74LS147 编码器可实现这种编码，其引脚图和逻辑符号图如图 6-31（a）和（b）所示。

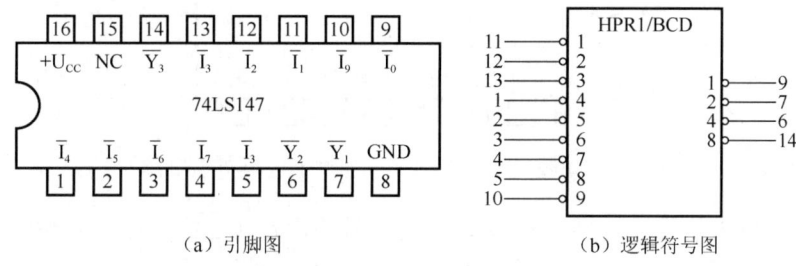

图 6-31　集成二-十进制 74LS147 编码器

74LSl47 编码器的真值表如表 6-12 所示。由表 6-12 可知，$\overline{I}_9$ 输入优先级别最高，$\overline{I}_0$ 输入优先级别最低，在 $\overline{I}_9$ 时，不管 $\overline{I}_1 \sim \overline{I}_8$ 有无输入，编码器均按 $\overline{I}_9 = 0$ 编码。

表 6-12　74LSl47 编码器的真值表

输入信号									输出信号			
$\overline{I}_1$	$\overline{I}_2$	$\overline{I}_3$	$\overline{I}_4$	$\overline{I}_5$	$\overline{I}_6$	$\overline{I}_7$	$\overline{I}_8$	$\overline{I}_9$	$\overline{Y}_3$	$\overline{Y}_2$	$\overline{Y}_1$	$\overline{Y}_0$
1	1	1	1	1	1	1	1	1	1	1	1	1
×	×	×	×	×	×	×	×	0	0	1	1	0
×	×	×	×	×	×	×	0	1	0	1	1	1
×	×	×	×	×	×	0	1	1	1	0	0	0
×	×	×	×	×	0	1	1	1	1	0	0	1
×	×	×	×	0	1	1	1	1	1	0	1	0
×	×	×	0	1	1	1	1	1	1	0	1	1
×	×	0	1	1	1	1	1	1	1	1	0	0
×	0	1	1	1	1	1	1	1	1	1	0	1
0	1	1	1	1	1	1	1	1	1	1	1	0

注：×表示任意态。

当 $\overline{I_1} \sim \overline{I_9}$ 均为 1，即无输入信号时，编码器输出 $\overline{Y_3} \sim \overline{Y_0}$ 为 0000 的反码 1111。

二、译码器

译码是将二进制代码作为输入信号，按其编码时的原意转换为对应的输出信号或十进制数码。

在数字仪表、计算机和其他数字系统中，常需要把测试数据和运算结果用人们易于认识的十进制来显示，这就需要用译码器把二-十进制代码转换成能显示阅读的十进制数。

驱动七段半导体数码管的集成电路有 4 线-7 线译码/驱动器 74LS249，用于高电平驱动共阴极显示器。4 线-7 线译码/驱动器 74LS249 外引脚图如图 6-32 所示。

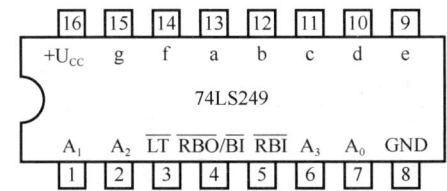

图 6-32 4 线-7 线译码/驱动器 74LS249 外引脚图

$A_3 \sim A_0$ 为数码信号输入端，$a \sim g$ 为数码信号输出端，$\overline{LT}$ 为试灯（各发光段）输入控制端。当 $\overline{LT} = 0$ 时，各段发光，以测试数码管好坏，$\overline{RBO}/\overline{BI}$ 为动态灭灯输入/输出控制端；当 $\overline{RBO}/\overline{BI}$ 输入为 0 时，各段均熄灭；当 $\overline{LT} = 1$、$\overline{RBO}/\overline{BI} = 1$ 时，根据 BCD 码输入的编码，可得到相应的各输出端信号，点亮各段发光管，显示 0~9 十个数。4 线-7 线译码/驱动器 74LS249 的真值表如表 6-13 所示。

表 6-13 4 线-7 线译码/驱动器 74LS249 的真值表

输入信号						输出信号							显示
$\overline{LT}$	$\overline{RBI}$	A_1	A_2	A_3	A_0	$\overline{RBO}/\overline{BI}$	a	b	c	d	e	f	g	
1	1	0	0	0	0	1	1	1	1	1	1	1	0	0
1	×	0	0	0	1	1	0	1	1	0	0	0	0	1
1	×	0	0	1	0	1	1	1	0	1	1	0	1	2
1	×	0	0	1	1	1	1	1	1	1	0	0	1	3
1	×	0	1	0	0	1	0	1	1	0	0	1	1	4
1	×	0	1	0	1	1	1	0	1	1	0	1	1	5
1	×	0	1	1	0	1	1	0	1	1	1	1	1	6
1	×	0	1	1	1	1	1	1	1	0	0	0	0	7
1	×	1	0	0	0	1	1	1	1	1	1	1	1	8
1	×	1	0	0	1	1	1	1	1	0	0	1	1	9

续表

输入信号						输出信号								显示
$\overline{LT}$	$\overline{RBI}$	A_1	A_2	A_3	A_0	$\overline{RBO}/\overline{BI}$	a	b	c	d	e	f	g	
1	×	1	1	1	0	1	1	1	1	1	1	1	1	暗
0	×	×	×	×	×	1	1	1	1	1	1	1	1	8
×	×	×	×	×	×	1	0	0	0	0	0	0	0	暗
1	0	0	0	0	0	0	0	0	0	0	0	0	0	暗

注：×表示任意态。

三、显示器件

显示器件的品种很多，现介绍常用的两种。

1. 发光二极管（LED）

发光二极管与普通二极管不同，其材料有磷砷化镓、磷化镓、砷化镓等，在外加正向电压时可发出一定波长的可见光。例如，磷砷化镓发光二极管发出的光是橙红色，磷化镓发光二极管发出的光是绿色。

用 7 个条形发光二极管 a、b、c、d、e、f、g，组成七段笔画数码字形就构成了数码管。发光二极管数码管如图 6-33 所示，按发光的笔画不同即可显示从 0 到 9 十个数字。

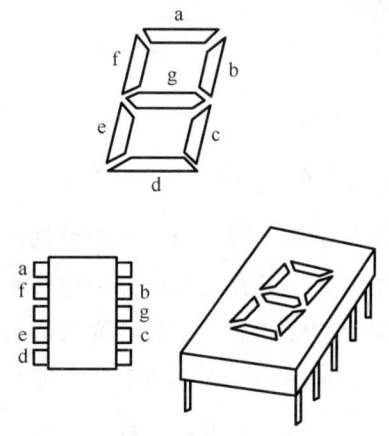

图 6-33　发光二极管数码管

半导体数码管中 7 个发光二极管有共阴极和共阳极两种接法。发光二极管如图 6-34 所示。图 6-34（a）所示为共阴极数码管，当某一段接高电平时，该段发光；图 6-34（b）所示为共阳极数码管，当某一段接低电平时，该段发光。因此，使用的数码管类型一定要与使用的七段译码驱动器相配合。

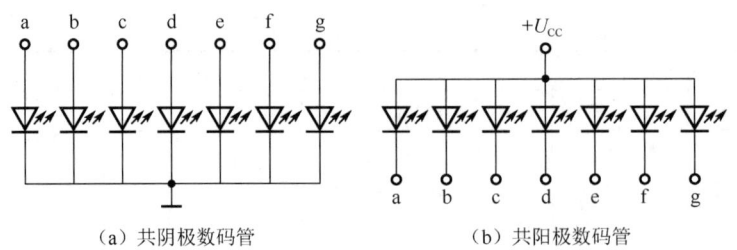

(a) 共阴极数码管　　　　　　(b) 共阳极数码管

图 6-34　发光二极管

半导体数码管的优点是工作电压低、体积小、寿命长、显示清晰、可靠性高，其缺点是工作电流较大。

2．液晶显示器（LCD）

液晶是一种既有液体流动性又有晶体光学特性的有机化合物，它的透明度和显示颜色受外加电场的控制。液晶显示器的结构如图 6-35 所示。

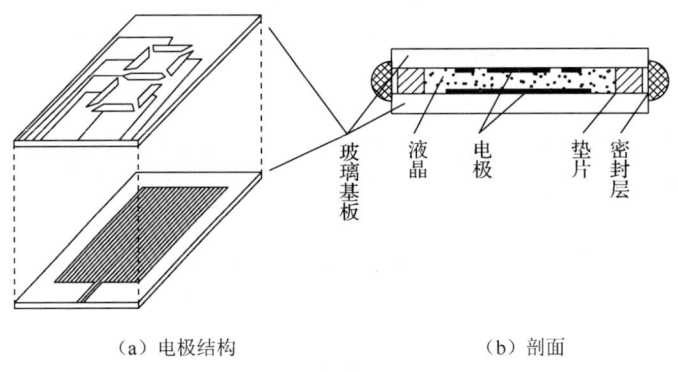

(a) 电极结构　　　　　　(b) 剖面

图 6-35　液晶显示器的结构

在没有外电场时，液晶的分子按一定的方向整齐排列，为透明状态，射入的光线由反射电极反射回来，显示器呈白色。若在电极间加上电压，液晶在外电场作用下电离，正离子撞击液晶分子，使液晶呈混浊状态，射入的光线散射后仅有少量能反射回来，则显示器呈暗灰色，从而显示出笔画。当外电场消失后，液晶又回到整齐排列的状态。

液晶显示器功耗极小、电压很低，因此广泛应用在电子手表、计算器及一些小型便携仪器中。其缺点是显示亮度较差。

3．译码及显示电路

图 6-36 所示是十进制计数器的计数、译码、显示电路框图。计数脉冲输入给计数器，计数器转换成 Q_4、Q_3、Q_2、Q_1 与之对应的十种状态，即 BCD 码输出。将 Q_4、Q_3、Q_2、Q_1 输入给译码器，译码器再转换成显示器所需的笔画信号，即在 7 个笔画中，应显示的

笔画具有高电平 1；不应显示的笔画为低电平 0。十进制计数器的译码、显示状态表如表 6-14 所示。

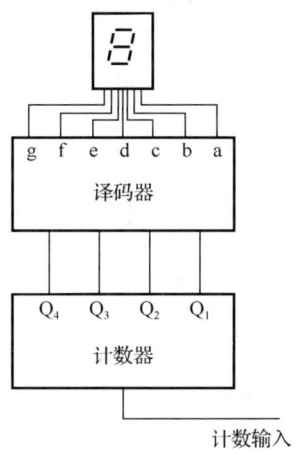

图 6-36　十进制计数器的计数、译码、显示电路框图

表 6-14　十进制计数器的译码、显示状态表

数	计数器输出译码器输入				译码器输出							显示器状态
	Q_4	Q_3	Q_2	Q_1	a	b	c	d	e	f	g	
0	0	0	0	0	1	1	1	1	1	1	0	0
1	0	0	0	1	0	1	1	0	0	0	0	1
2	0	0	1	0	1	1	0	1	1	0	1	2
3	0	0	1	1	1	1	1	1	0	0	1	3
4	0	1	0	0	0	1	1	0	0	1	1	4
5	0	1	0	1	1	0	0	1	0	1	1	5
6	0	1	1	0	1	0	1	1	1	1	1	6
7	0	1	1	1	1	1	1	0	0	0	0	7
8	1	0	0	0	1	1	1	1	1	1	1	8
9	1	0	0	1	1	1	1	0	1	1	1	9

现在的计数器、译码器都有集成电路产品，只需要按产品说明把引脚正确连接即可。图 6-37 所示是 CL102 组件，它是 CMOS 中规模三合一集成电路，将计数、译码和 LED 数码管合为一体，简称 CL 电光组件。U_{DD} 接+5V，U_{SS} 接 0V，从 CP 或 E 端输入计数脉冲（具体用法与 C180 相同），数码管即可直接显示，到 10 后 JW 端向高位输出进位脉冲。

CL102 组件还有多种控制功能，如闭锁、消隐、熄灭、亮度调节等（各有关引脚的连接和使用可查阅有关手册或资料），它集成度高、功耗低（每块约 40mW）、寿命长（LED 数码管寿命达 100 万小时），使用方便、可靠性高，目前正在被广泛应用。

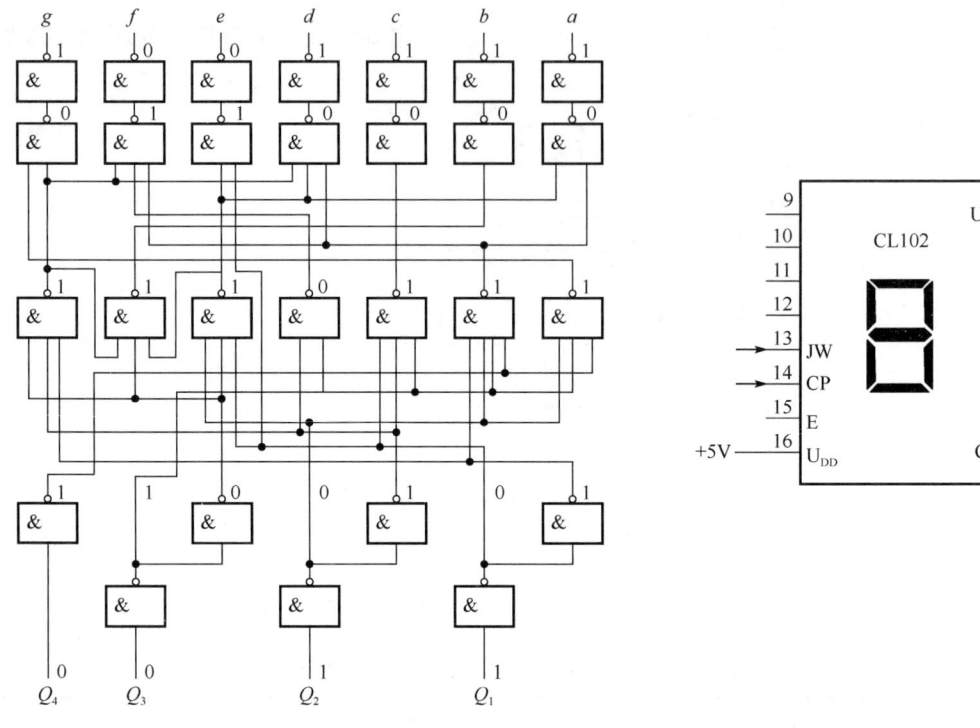

图 6-37　CL102 组件

第六节　集成定时器及其应用

一、集成定时器工作原理

在数字电路中，为了使各部分电路在时间上协调工作，需要一个统一的时间基准信号，用来产生时间基准信号的电路称为时基电路（也称为定时电路）。555 集成定时电路就是定时电路之一。555 集成定时电路内部是由模拟电路和数字电路组合而成的多用途单片集成电路，只需要配置少量外部元件，就可以组成多种功能电路，如定时电路、振荡电路、触发电路和控制电路。国内外都有 555 系列产品，所有双极型产品型号最后的三位数码都是 555，所有 CMOS 型产品型号最后的四位数码都是 7555，它们的逻辑功能和引脚排列也相同。

图 6-38 所示是 555 定时器的逻辑电路，它可分为以下几个部分。

（1）分压器：由 3 个 5kΩ 电阻串联后并联到电源电压 U_{CC}。在 A、B 两点构成基准电压，其中 $U_A=\dfrac{2}{3}U_{CC}$、$U_B=\dfrac{1}{3}U_{CC}$。

若需改变此基准电压可从 CO 端输入外加基准电压，若不用 CO 端则可串联 0.01μF 电容接地以消除高频干扰。

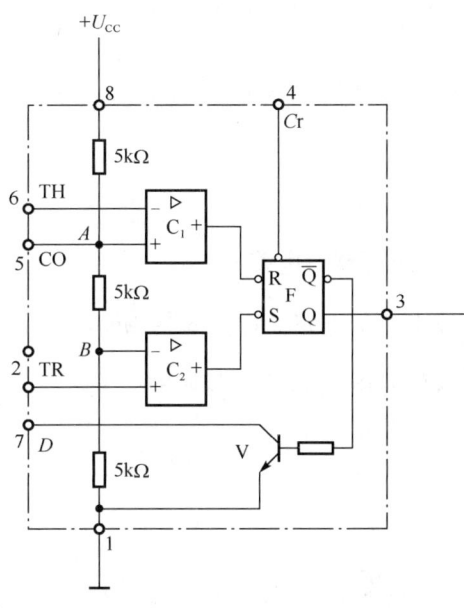

图 6-38　555 定时器的逻辑电路

（2）触发器：F 是一个 R-S 触发器，它的输出端 Q 即为 555 集成定时器的输出，这个输出端的状态由其置 1 端 S 和置 0 端 R 的状态决定。

Cr 是强制复位端，可用负脉冲对输出端清零，不用时接到+U_{CC} 使其保持 1 状态。

（3）比较器：C_1、C_2 是两个集成放大器，它们的输出端分别接到触发器 F 的 R 和 S 端，它们的输入端分别与基准电压进行比较。

① 若 TH 端的输入电压低于 U_A，即 $U_A < \frac{2}{3}U_{CC}$，则 C_1 输出高电位，触发器 F 状态不变；若 TH 端的输入电压高于 U_A，即 $U_A > \frac{2}{3}U_{CC}$，则 C_1 输出低电位，使触发器 F 置 0。因此，TH 端称为高电平触发端。

② 若 TR 端的输入电压高于 U_B，即 $U_B > \frac{1}{3}U_{CC}$，则 C_2 输出高电位，触发器 F 状态不变；若 TR 端的输入电压低于 U_B，即 $U_B < \frac{1}{3}U_{CC}$，则 C_2 输出低电位，使触发器 F 置 1。因此，TR 端称为低电平触发端。

（4）放电开关：晶体管 V 的基极接 $\bar{Q}$，当 555 定时器输出 Q=0 时，$\bar{Q}$=1，V 导通；当 Q=1 时，$\bar{Q}$=0，V 截止。

综上所述，555 定时器的外部功能有以下 3 种。

（1）TH 端输入电压高于 $\frac{2}{3}U_{CC}$，输出端置 0。

（2）TR 端输入电压低于 $\frac{1}{3}U_{CC}$，输出端置 1。

（3）当输出为 0 时，D 端与地形成放电通路，输出为 1 时截止。

二、集成定时器应用

1．施密特触发器（脉冲波形整形电路）

施密特触发器（脉冲波形整形电路）如图 6-39 所示。

从电路中可知：若输入信号电压 u_i 不是规则的方波，则当 u_i 上升到大于 $\frac{2}{3}U_{CC}$ 时，输出端被置 0；当 u_i 下降到小于 $\frac{1}{3}U_{CC}$ 时，输出端被置 1，这样输出端得到的就是规则的方波电压信号 u_o。

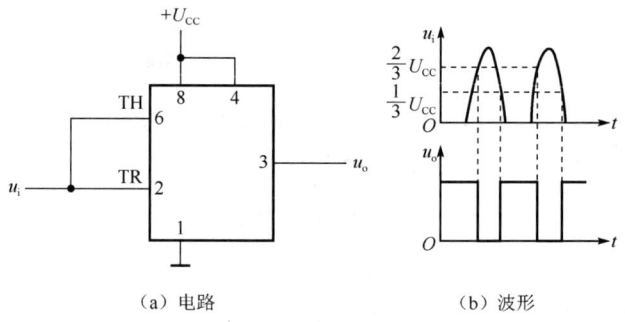

（a）电路　　　　　　（b）波形

图 6-39　施密特触发器（脉冲波形整形电路）

2．单稳态触发器

单稳态触发器如图 6-40 所示。

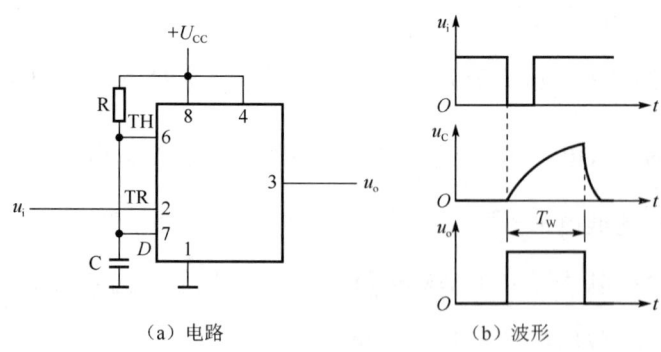

（a）电路　　　　　　（b）波形

图 6-40　单稳态触发器

单稳态触发器电路只有一个稳态,即输出为 0 的状态,此时从 D 端到地的放电开关也导通,电容两端电压 $u_C = 0$。

当从 TR 端输入负脉冲进行触发时,u_i 从 1 变为 0,输出端将翻转为 1,但这只是暂时的,因为当 Q=1 时放电开关截止,$+U_{CC}$ 开始通过电阻 R 向电容 C 充电,当电容两端电压 u_C 达到 $\frac{2}{3}U_{CC}$ 时,从 TH 端输入又使输出端翻回到 0,当 Q=0 时,放电开关又导通,电容放电,又全都回到原来的状态。

处于暂稳态的时间与 RC 电路的充电时间有关,可以证明:

$$T_W = 1.1RC \tag{6-5}$$

单稳态触发器可用于延时、定时,也可用于脉冲整形。

3. 自激多谐振荡器

自激多谐振荡器如图 6-41 所示。

$+U_{CC}$ 通过 R_1、R_2 向 C 充电,至 $u_C > \frac{2}{3}U_{CC}$ 时,从 TH 端输入使输出端置 0,随着放电开关导通,u_C 通过 R_2 对地放电,至 $u_C < \frac{1}{3}U_{CC}$ 时,从 TR 端输入使输出端置 1,于是放电开关截止,$+U_{CC}$ 再次向 C 充电等。如此周而复始,输出端将输出一定频率的方波电压,因为方波电压中包含多种谐波成分,所以称为多谐振荡器,它可用作脉冲信号发生器,调节 R_1、R_2、C 可以改变振荡波形的周期。

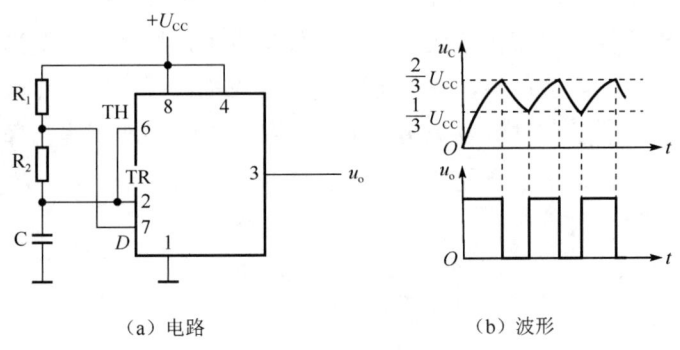

图 6-41 自激多谐振荡器

本章小结

(1)二进制是数字电路中常用的计数体制,0 和 1 还可以用来表示电平的高与低、开关的闭合与断开、事件的是与非等。二进制还可以进行许多形式的编码。

（2）基本逻辑门电路有与门电路、或门电路、非门电路 3 种，任何复杂的逻辑门电路都是由基本的逻辑门电路组合而成的。与门电路：$Y=A \cdot B$，或门电路：$Y=A+B$，非门电路：$Y = \overline{A}$，与非门电路：$Y = \overline{A \cdot B}$，或非门电路：$Y = \overline{A + B}$，与或非门电路：$Y = \overline{AB + CD}$。

（3）基本 R-S 触发器：由两个与非门组成，有两种稳态，输出 1 或 0，用负脉冲输入 S_D 端可置 1；输入 R_D 端置 0。S_D、R_D 不可同时输入负脉冲。

同步 R-S 触发器：S、R 端为控制端，功能与 S_D、R_D 相同，但须用正脉冲触发，并须待输入时钟脉冲时才动作。

主从 J-K 触发器：是功能最全的触发器。J、K 端为控制端，同时输入 1 则进入计数工作状态，不会出现不确定状态。

D 触发器：只有一个控制端 D，触发器的输出决定于时钟脉冲到来之前 D 端的状态。

（4）计数器：二进制计数器用 J-K 触发器组成。十进制计数器可直接选用现成的集成计数器产品。

（5）编码、译码及显示。常用的编码器有二进制编码器、二-十进制编码器等。译码器按功能分为通用译码器和驱动显示译码器。常用的显示器件有发光二极管（LED）或液晶显示器（LCD）。实际应用中可选用计数、译码、显示合一的组件，如 Cl102 组件。

（6）555 集成定时器的应用：施密特触发器，用于波形整形；单稳态触发器，用于延时、定时或脉冲整形；自激多谐振荡器，可输出一定频率的方波。

（7）数字电路随着集成电路制作技术的发展一日千里，通常把集成几十个元件的数字电路称为小规模集成电路；集成几百个元件的数字电路称为中规模集成电路；一千个元件以上的数字电路称为大规模集成电路。现代集成电路技术已能做到在一个芯片上集成几百万个元件。在实际应用中，往往可以采用集成规模较大的芯片一次完成所需的功能而无须自行组合。了解和掌握各类集成电路产品的功能并能正确选择和应用各类集成电路产品，能给工作带来很大方便。

习　题

6-1　用真值表的方法证明下列等式，分别画出等式两边的逻辑图。（1）$\overline{A \cdot B} = \overline{A} + \overline{B}$，（2）$\overline{A + B} = \overline{A} \cdot \overline{B}$。

6-2　写出有三个输入量的与非门电路的真值表、逻辑表达式，并画出逻辑图。

6-3　分别写出有两个和三个输入量的或非门电路的真值表、逻辑表达式，并画出逻辑图。

6-4　TTL 电路和 COMS 电路在使用时应各注意什么？

6-5 根据图 6-42 所示的逻辑图写出相应的逻辑表达式和真值表。

6-6 图 6-43 给出了逻辑电路图和它的输入状态波形，试求输出端 Y 的状态波形。

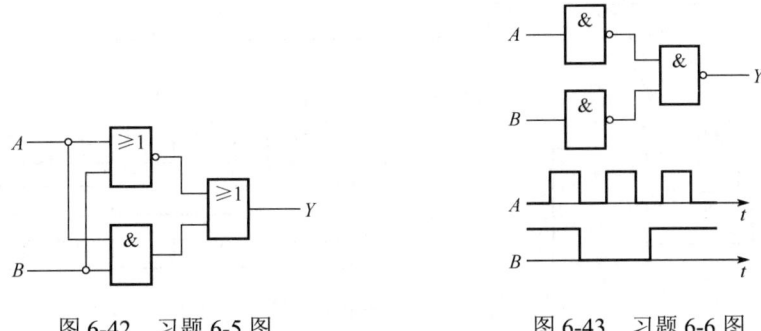

图 6-42 习题 6-5 图　　　　图 6-43 习题 6-6 图

6-7 图 6-44 所示是一个数据传送电路，它可根据不同的指令将寄存器中的两个数码 A、B 进行处理，并将处理结果从 Y 端输出。分析指令 D_4，D_3，D_2，D_1 为以下数码时指令的含义。（1）0101，（2）1001，（3）0110，（4）1010。

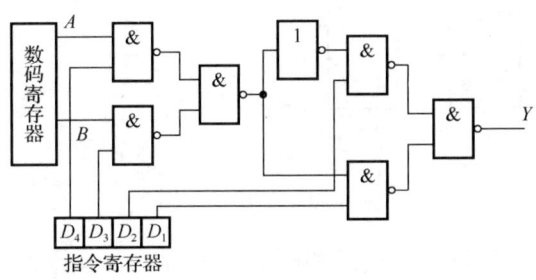

图 6-44 习题 6-7 图

6-8 图 6-45 所示是主从 J-K 触发器各输入端的状态波形，输出端的初始状态为 1，画出输出端 Q 的状态波形。

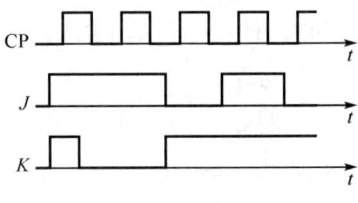

图 6-45 习题 6-8 图

6-9 图 6-46 所示为逻辑电路图和其 CP、R、S 端的信号波形，画出输出端 Q 的波形图。

6-10 图 6-47 所示为 J-K 触发器的电路及其 CP、A、B 端的输入波形，画出输出端 Q 的波形（设初态为 0）。

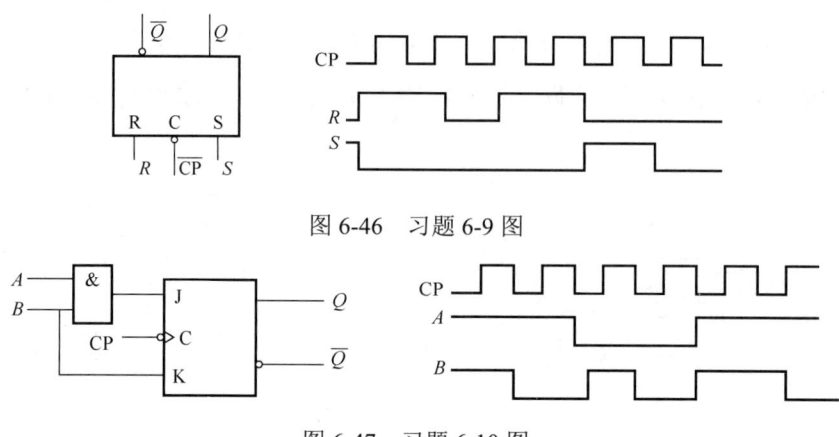

图 6-46 习题 6-9 图

图 6-47 习题 6-10 图

6-11 试分析图 6-48 所示的电路，若初始状态为 0，请列出在计数脉冲 CP 作用下的工作状态表。画出工作波形图，并指出它是几进制计数器。

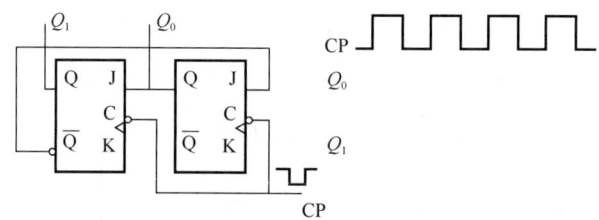

图 6-48 习题 6-11 图

6-12 某压力报警系统的逻辑电路如图 6-49 所示。已知压力传感器的输出是两种逻辑状态，压力安全时输出为 0，压力不安全时输出为 1。按钮开关 S 是供维修人员使用的。试通过阅读逻辑电路图分析：（1）当压力安全时，Q、Y_1、Y_2 各自的值，蜂鸣器是否蜂鸣，什么颜色的 LED 发光。（2）当压力不安全时，Q、Y_1、Y_2 各自的值，蜂鸣器是否蜂鸣，什么颜色的 LED 发光。（3）当压力不安全且有维修人员在场按下开关 S 时，Q、Y_1、Y_2 各自的值，蜂鸣器是否蜂鸣，什么颜色的 LED 发光。

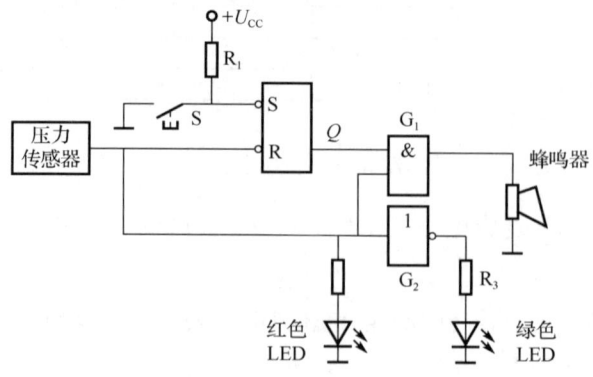

图 6-49 习题 6-12 图

6-13　图 6-50 所示电路是一个防盗报警装置，a、b 两端用一个细铜丝接通，将此铜丝置于盗窃者必经之处。当盗窃者闯入室内将铜丝碰掉后，扬声器即发出报警声。试说明此电路的工作原理。

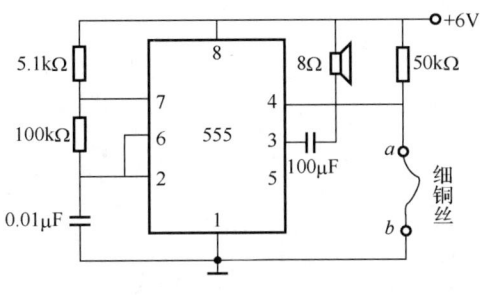

图 6-50　习题 6-13 图

6-14　图 6-51 所示电路是一个简易触摸开关电路，当用手摸金属片时，发光二极管亮，经过一定时间后，发光二极管熄灭。试说明此电路的工作原理。

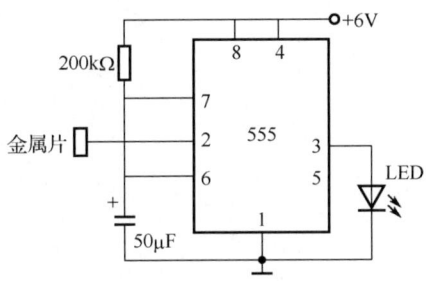

图 6-51　习题 6-14 图

6-15　图 6-52 所示电路是一个照明灯自动亮灭装置，白天让照明灯自动熄灭，夜晚自动点亮。图中 R 是一个光敏电阻，当受光照射时电阻变小，当无光照射或光照微弱时电阻增大。试说明其工作原理。

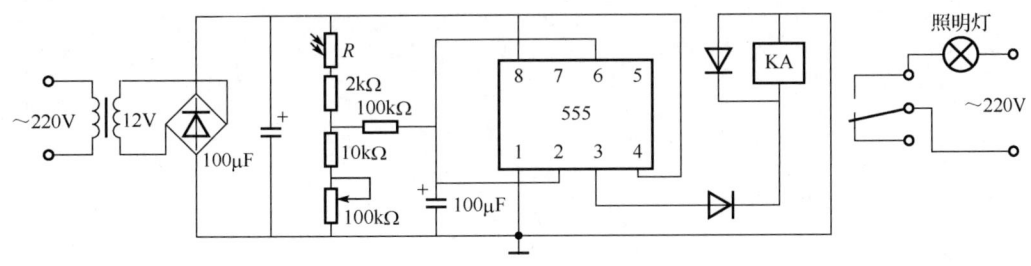

图 6-52　习题 6-15 图

反侵权盗版声明

电子工业出版社依法对本作品享有专有出版权。任何未经权利人书面许可，复制、销售或通过信息网络传播本作品的行为；歪曲、篡改、剽窃本作品的行为，均违反《中华人民共和国著作权法》，其行为人应承担相应的民事责任和行政责任，构成犯罪的，将被依法追究刑事责任。

为了维护市场秩序，保护权利人的合法权益，我社将依法查处和打击侵权盗版的单位和个人。欢迎社会各界人士积极举报侵权盗版行为，本社将奖励举报有功人员，并保证举报人的信息不被泄露。

举报电话：（010）88254396；（010）88258888
传　　真：（010）88254397
E-mail：dbqq@phei.com.cn
通信地址：北京市万寿路173信箱
　　　　　电子工业出版社总编办公室
邮　　编：100036